市郊轨道交通车站核心区城市设计

姚敏峰　著

东南大学出版社
SOUTHEAST UNIVERSITY PRESS

图书在版编目(CIP)数据

市郊轨道交通车站核心区城市设计 / 姚敏峰著. --
南京:东南大学出版社,2018.1

ISBN 978 - 7 - 5641 - 7247 - 3

Ⅰ. ①市… Ⅱ. ①姚… Ⅲ. ①城市铁路－铁路车站－
建筑设计 Ⅳ. ①TU248.1

中国版本图书馆 CIP 数据核字(2017)第 161351 号

书　　名:市郊轨道交通车站核心区城市设计

出版发行:东南大学出版社

社　　址:南京市四牌楼 2 号(210096)

网　　址:http://www.seupress.com

出 版 人:江建中

印　　刷:南京京新印刷有限公司

开　　本:700mm×1000mm　1/16

印　　张:9

字　　数:180 千

版 印 次:2018 年 1 月第 1 版　　2018 年 1 月第 1 次印刷

书　　号:ISBN 978 - 7 - 5641 - 7247 - 3

定　　价:68.00 元

经　　销:全国各地新华书店

发行热线:025 - 83790519　83791830

本社图书如有印装质量问题,请直接与营销部联系(电话:025 - 83791830)

前　言

随着我国城市的快速发展,轨道交通从原来城市内开始向市郊延伸,带动新城开发和市郊小城镇建设,实现中心城区的有机疏散。有别于市区内的轨道交通线路,目前国外普遍采用高架为主的敷设方式,从而降低了轨道交通的建设及运营成本,同时基于轨道交通车站进行综合开发,利用其巨大人流量进行商业开发收益,也可利用车站建筑隔绝车站与住区,屏蔽轨道交通环境影响。然而结合不当,也可能导致交通拥堵或商业价值边际化,甚至加剧轨道交通的环境影响。城市设计是解决这一矛盾的关键,但是在多个城市设计方案中如何选优是难点。城市规划及建筑学科定性为主的评价方法对于城市设计方案比选仍然存在一定的"拍脑袋"现象,尤其对于主管部门如何更好地选择合理的方案,从而更快更好地实现市郊车站周边土地的开发,需要更有说服力的评价方法。总而言之,国内迫切需要一种专门指导和评价市郊轨道交通车站周边土地开发的城市设计思想与方法。为此,本书依托国家自然科学基金面上项目"市郊轨道交通车站综合体模式及其适用性评价研究",以评价市郊轨道交通车站与郊区新城的互动关系为出发点,围绕市郊轨道交通车站核心区城市设计评价方法开展了深入的研究工作。

首先,提出市郊轨道交通车站核心区的概念,总结市郊轨道交通与其核心区之间的互动关系,探索车站核心区的形成机制和车站对其核心区空间结构与形态的发展影响,在此基础上分析了不同开发模式下车站核心区的异同,并对车站核心区的用地模式进行了梳理和分类。

其次,分析一般城市设计方案与市郊轨道交通车站核心区城市设计方案在方案设计及评价上的异同。基于此提出市郊轨道交通车站核心区城市设计方案设计及评价方法的建构原则。

最后,基于传统定性为主的城市规划及建筑学科评价方法,针对性地从市郊轨道交通车站核心区成本与效益的角度出发,把时间价值理论引入城市设计方案评价中,建立市郊轨道交通核心区城市设计评价模型,通过案例研究,验证模型的合理性和有效性。

目　录

第 1 章 ｜ 绪 论

1.1 研究背景

根据联合国发布的《世界城镇化展望（2007 年修正版）》，预计我国在 2030—2040 年，城镇化水平将真正进入稳定阶段，中国城镇化水平将达到 70％～80％的一般水平[1]。

在城市化进程中，大城市由于城市化水平较高，吸引力较大，人口向大城市转移是国内外普遍的规律。以日本为例，众所周知，日本的少子高龄化现象极其严重，整个日本人口一直处于负增长阶段，但是东京都及周边三县人口却不降反升，其核心原因就在于首都圈的城市吸力大大超越其他城市。

随着大城市不断扩张并向郊区发展，城市人口向郊区转移，从而导致通勤距离增加，通勤时间延长，常规公交根本无法满足通勤需求，而美国以私人小汽车为导向的城市发展模式也已被公认为失败模式。欧洲及日本以大容量、高速度轨道交通引导城市发展的模式被公认为最适合人口密集型城市借鉴的范例。

我国的城市规划是在改革开放之后，尤其是在 20 世纪末才真正开始发展的，我国于 1989 年有了第一部真正意义上的《城市规划法》。许多城市在初期城市规划中根本未考虑轨道交通。近几年地方政府为了追求 GDP，利用轨道交通作为土地拍卖的卖点，仓促制定轨道交通规划,导致许多人为造成的轨道交通高成本现象。例如在未明确敷设方式情况下先规划线路,之后利用轨道交通吸引开发商购置土地,又由于拆迁成本、环境影响等因素不得不采用地下方式,导致轨道交通的造价与运营成本高昂,城市背上极大的财政负担,随后又不得不拍卖更多的土地来弥补财政困难,造成恶性循环。

在发达国家,市郊轨道交通承担了重要的通勤职能。目前,世界主要发达国家大城市的市郊轨道线网已经基本形成。市郊轨道交通的服务对象主要是市域内的中长途旅客,是连接中心城区及其管辖的次级城镇、卫星城镇、市郊村镇的铁路,它的主要功能是将市郊新城中的居民用最快的时间送至城市中心,同时也可以满足线路上其他居住区居民的出行需求。作为公共交通,市郊轨道交通具有全天候、运量大、速度快、更准时等特点,相比城市内轨道交通其造价低得多,一般只有城市内地铁建设成本的20%。首先,其位于郊区,土地资源相对宽松,可以铺设在地面或者以高架的形式建设,远比地下敷设方式建设成本要低得多;其次,郊区居住密度相对较小,车站站间距较大,车站数量比城市中心区少;再次,由于市郊轨道交通以地面高架为主的敷设特点,其车站及线路比城市内地铁相对简单,不需要复杂的通风、照明设备。

我国部分城市在20世纪就存在普通铁路制式的市郊铁路,其建设起步并不晚。20世纪70—80年代,北京、天津、上海等城市都设有市郊铁路,承担了一部分的公共交通职能,但是由于发车密度较低,通勤作用有限,更谈不上引导市郊开发。进入21世纪之后,伴随我国城市化进程的不断加快,公路建设快速扩张,而以通勤为特征的市郊铁路以及市郊轨道交通建设却迟迟未能受到重视。直到近10年,在部分大城市郊区城市化的压力下,市郊新城的建设推动了市郊轨道交通的发展。

未来10年我国城市轨道交通建设规模将超过

1.7 万 km,而市郊轨道交通在远期规划中将超过 3 万 km,它不仅将成为新型城市化的重要工具,也是城市经济发展的重要内容。

目前,在我国土地公有、规划强势主导的体制环境下,轨道交通的建设相比发达国家更具优势。但是如何能够在有限的资源下避免浪费,在城市总体规划之始如何依托轨道交通线路对城市形态进行控制,在引入城市轨道交通后如何科学修改其影响范围内的土地使用性质与空间形态控制,使之与城市发展相协调,这不仅需要完善轨道交通的建设机制,在理论上也需要解决下列几个问题:

1) 我国城乡一体化要求大城市形成多组团、多中心的城市结构,这就使得市郊轨道交通线路需发挥其应有的大容量快速运输功能,对车站设施的要求必然不同于城市内轨道交通,需要从建设开始就把市郊车站作为城市郊区各组团的中心。

2) 轨道交通车站作为人流集聚地,周边应该高强度开发,开发内容必然以居住、商业为主。居住过多,零星商业,车站的人流没有得到合理利用,商业效益损失;商业过多,居住不足,市郊车站严重的潮汐现象导致商业客流的时间效应加剧,商业无法健康发展,同时车站附近住宅的高价值也未能体现。只有综合开发、合理布局才有可能产生最佳的土地效益。

3) 市郊轨道交通车站及其站域开发从“生”到“熟”是一个持续的过程,不是一蹴而就的。车站的配套功能不可能一次到位,需要按阶段逐渐扩充,这就要求合理预留冗余空间,从而为车站升级、站域发展提供可能。

4) 市郊轨道交通大多数采用高架或地面模式,与城市内轨道交通以地下为主的方式区别在于:城市内轨道交通主要采用以地下为主的敷设方式,其影响主要是在建设期间;而市郊轨道交通主要采用高架或地面敷设的方式决定了其不利影响主要在开通运营之后。其中噪声和振动是最主要的影响,与车站及线路的距离以及屏蔽模式是减小环境影响的关键,单纯依靠技术措施的"主动式"隔绝方式不仅造价高昂,而且实际效果也并不明显。采用合理的建筑组合,利用对环境影响不敏感的建筑或场地进行遮挡的"被动式"隔绝方式更为有效。

5)市郊轨道交通站距长、发车间隔时间长,因此车站人流具有更为明显的瞬时特征。在高峰期内车站与周边建筑包括配套设施的联系单纯依靠平面二维的方式根本无法满足,需要从立体多维多向度的方式综合布置车站与周边功能体的联系。但是从香港的经验来看,过于重视空中联系有可能导致地面道路利用率不足,反而造成不必要的浪费,因此合理规划设计是关键。

国外的大量实践证明,合理的城市设计能够减小甚至削除高架轨道交通造成的不利影响,能够为车站发展预留空间,并通过城市接口的合理设置使轨道交通车站的外部正效应加强,从而实现高经济价值和社会价值。

1.2 研究综述

下文从轨道交通车站影响研究和轨道交通城市设计及其方案评价研究两个方面进行综述。

1.2.1 轨道交通车站影响研究现状

在轨道交通对城市影响的方面,国外学者主要关注于如何最大化降低轨道交通的建设与运营过程中对城市的负面影响,同时根据现实状况基于建设方法和布局原则等方面构建生态化城市轨道交通及其配套设施的设计和建设策略。国外对城市轨道交通站点及其周边的空间环境构成设置的相关研究主要集中在轨道交通站点周边区域的设计模式、特定要素以及主要功能上,通过直观体验和民意调查的分析手段,构建基于轨道交通车站及其周边场所品质提升的城市环境受影响程度评价体系与城市居民各类出行方式的选择喜好度。

　　D. 沙普(D. Schaap)研究了轨道交通对沿线空间环境的负面影响、政府所能采取的补偿措施,以及居民的期望值和政府的期望值之间的差距[2]。

　　E. M. 基多(E. M. Kido)通过对日本和欧洲轨道交通车站在视觉舒适性和功能效率方面上的对比和对车站集中化、合理化设计方式及欧洲轨道交通"车站复兴"的发展趋势的研究,提出了"轨道交通文脉设计"的车站设计方法[3]。

　　B. 贝利(K. Bailey)、T. 格罗萨特(T. Grossardt)和普顿特-威尔(Pride-Wells)提出了基于模糊逻辑的非线性视觉偏好建模系统指导下的可视化设计方法,以及 TOD(公共交通导向下的城市空间发展模式)设计的四个关键尺寸:高度、类型、密度和开放空间的类型。

　　B. B. 布朗(B. B. Brown)和 C. M. 沃纳(C. M. Werner)通过对盐湖城一个新建轨道交通站点建设前后的民意调查,阐明了轨道交通对周边环境的各类影响。调查显示轨道交通的建设提高了站点附近住宅的价值和邻里之间的经济联系,增进了邻里关系与社区归属感,提高了社区安全,降低了社区犯罪率,同时使周边地块功能多元化、可达性增强。总体而言,TOD 模式下的轨道交通站点建设可以提高社会福利,以及周边居民的个人利益和居住满意度[4]。

　　黄丽彬分析了轨道交通站点及其周边的评估方法,并通过研究评价流程完善了轨道交通站点及其周边的开发评估体系,从宏观层面分析了轨道交通站点的服务区域,从微观层面分析了轨道交通站点的设立对其周边地块的各个方面的影响,并针对上海市轨道交通覆盖的徐家汇地区和未覆盖的五角场地区的案例对比和研究深入探讨了轨道交通站点环境影响、限制因素等[5]。

　　傅博峰、吴娇蓉、陈小鸿通过"点聚集效应距离衰减函数曲线"的数学模型来确定郊区轨道站点的影响区域,并进而对站点进行分类。该文对于本书研究轨道交通与城市设计的结合中,如何确定与距离相关的城市设计布局模式变化具有一定的参考价值[6]。

袁文凯、崔扬、周欣荣提出了轨道交通的开发利益集中于与轨道交通站步行 10 min 距离,即 600 m 左右的区域,其中车站半径 200 m 范围内应高强度开发。然后根据轨道交通站点设置的不同区位,将轨道站点分成区域中心站、居住区站、交通枢纽站、工业区站、混合型站点、景点站点、文教站点等类型,并分析了不同类型站点的功能配置需求和换乘类型需求[7]。

尚漾波、叶霞飞以费用现值法为基础,构建了对城市轨道交通周边附属用地布局研究和城市轨道交通站点交通配套设施场地的评价框架,并给出了定量的评价流程,进一步对实际案例做了分析研究[8]。

佟玲、张洪强、刘淑娟等研究了房地产价格、轨道交通沿线其他经济因素、建设期对环境影响、运营期对环境影响、社会效益 5 个影响因素,建立因素集。根据不同的影响程度进行分级,在一定约束条件下合理设置权重指标并进行加权运算,建立模糊综合评价集,从而进一步得出每个单体因素对通过轨道交通城市的影响,完善了其评价体系[9]。

1.2.2 轨道交通城市设计及其方案评价研究现状

目前国内外专门针对轨道交通进行城市设计评价的研究还比较少,因此本章节的文献主要集中于一般城市设计评价和轨道交通站域城市设计两方面。

1) 一般城市设计评价

由于发达国家的城市化水平较高,城市设计的评价重点已经从方案设计阶段转向具体实施阶段,并侧重于建构综合评价体系。从总体上看,专门针对城市设计方案评价方法的研究较少,即使有少量研究也都侧重于评价框架的理论,真正有实践的评价相对较少。我国尽管并没有把城市设计列入法定规划内容,但是在城市规划的各个阶段,城市设计已经成为必不可少的重要手段穿插于城市规划的全过程。而城市设计的方案评选通常由城市管理部门或开发部门邀请相关学科的专家,通过专业评分,比选出最佳方案。随着我国城市化速度放缓,原来的增量规划逐渐向存量规划过渡,城市设计日益受到重视,2016 年 8 月,住房和城乡建设部发布《城市设计管理办法》征求意见稿,表明我国已经正式把城市设计列入国家部门规章,许多学者也将国外先进的规划评估方法引入国内,推动了我国城市设计评价研究的发展。

城市设计的评价研究主要包括评价方法研究和评价标准研究。

(1)评价方法研究

国外对城市设计方案的评价方法主要来源于城市规划方案评价研究,评价的标准和内容并不一致,根据评价人员的经验存在差异。评价内容基本包括三部分:基于功能美学的规划选择的主要内容;规划具体实施措施,比较重视具体实施指标;规划实施后的具体现实影响。这种评价方式的不足在于评价标准的影响因子很多,缺乏各个子系统的内部逻辑联系,而优点是包容性强,适用范围较广。

纳撒尼尔·利奇菲尔德(Nathaniel Lichfield)将经济学中的成本效益分析的概念引入了城市规划,并进一步发展为"社会影响分析与评价"的理论与方法,通过分析城市空间变化所导致的资源配置再分配现象,如土地资源升值、基础建设投资等,来评价规划方案的优劣。这种评价方法使规划人员能够更容易地了解规划方案,并进一步了解该规划的影响,从而为完善方案提供一个科学和合理的方向。其流程为:对城市规划方案进行分析和研究,对得出的结论进行比较,确定较优设计方案,方案实施,比较方案实施效果,对方案的实际影响进行评价[10]。

库德斯(Curdes)提出了"规划方案比较评估"(comparative research and professional evaluation)。该评价方法指出评价项目有一定的条件限制：① 城市规划应该是一个逻辑的生成过程；② 城市规划应注意公众参与；③ 城市规划应体现项目评价中涉及的城市设计的内容[11]。

爱德华·J.凯泽（Edward J. Kaiser）提出规划方案评价的关键一是在于全面衡量各方利益，二是将规划方案负面影响降低到各方都能接受的程度，并指出规划评价方法主要有采纳前评价和采纳后评价两类[12]。

李德华从城市总体布局的角度提出了"方案评定"的概念，基于对巴西利亚、嘉兴市、衡水市等城市的总体布局方案比较，阐述了在评价城市规划方案时采纳各方意见，注重使用者参与等方面的重要作用[13]。

刘云月、刘颖对国内的规划项目评价体系进行了深入探讨，并基于概念、方法以及现有的问题与难点和有关实践方面进行了研究[14]。

宋彦等基于规划方案的递进式完善模式，分析了国外规划项目评估的发展，并针对北美若干城市进行了规划评估实践[15]。

王郁等基于对国内城市规划决策制度的研究，提出增加城市规划项目决策阶段的非正式咨询型听证[16]。

唐凯认为城市规划作为公共政策的需要，需要不断完善城市规划的制定、决策、执行和评价、反馈、修订程序，以促进城市规划的可持续发展[17]。

黄金、董恬提出了规划方案评估应当包含三方面的内容，即规划方案全面性评估、规划方案内容评估和规划实施效果评估，并在此基础上初步构建了城市规划在决策、编制和执行上的全方位全流程评估框架[18]。

（2）评价标准研究

尽管西方许多学者关于"什么是好的城市设计"或"该如何设计才是好的城市"的论著或观点五花八门、百花齐放，但是科学合理的城市设计标准都是国外发达国家城市

设计长期实施的成果,其中具有代表性的评价标准包括:

1970 年,美国旧金山基于城市设计实践,首先提出了城市设计的"十项原则"或"基本概念"[19],包括了舒适、视觉趣味、活动、清晰和便利、特色、空间的确定性、视景原则、多样性/对比、协调、尺度与格局。

1981 年,凯文·林奇提出了五项"执行尺度",包括活力、感觉、适合、易接近性、控制。同时,他亦将评价城市形态的价值标准划分为四组:具有强大作用的价值标准、带有期望性的价值标准、非常弱势的价值标准、隐性的价值标准[20]。

1987 年,亚历山大在《一种新的城市设计理论》中,从城市整体性出发总结了 7 条城市设计方法原则,涉及发展模式、整体意识、公共空间营造、大型建筑设计等内容[21]。

1997 年,W. C. 巴尔(W. C. Baer)指出规划方案评价的标准不应是一成不变的,不存在一个通用的评价标准,评价者应当随方案的不同选取不同的标准,现有的标准只能作为参考和指导[22]。

迈克尔·索思沃思(Micheal Southworth)曾收集美国自 1972 年以来 138 个城市设计的实例资料,将人的基本需求大致归纳为若干大类:结构及其清晰度、多样性、形式、协调与和谐、舒适与便利、开放性、可达性、社会性、健康安全、平等、历史保护、维护能力、活力、适应性、自然保护、含义和控制等,并基于此提出环境质量对人的影响[23]。

1990 年,庞特则提供了由他介绍的 9 名著名作家提炼出来的"城市设计的十大诫条",即场所的营造、与历史背景的关系、生命力、公共通道、尺度、清晰度、适应能力、刺激性、安全性、公共进程和效能等标准[24]。

在德国,格哈德·库德斯(Gerhard Curdes)的《城市形态结构设计》中列举了常用的城市规划设计方案评价标准[25]。包括:城市规划理念(规划方案在遇到外界变化时的持续性),建筑物的质量(独立性、周全性),交通连接的质量,开敞空间和绿地方案的质量,生态利益的重视程度,照明标准、间距和规划法规的遵守状况,停车场,其他现状和任务的相关方面,各阶段的实现和可实施性,费用、资助能力等相对广泛的内容。

在国内的研究中,李德华介绍的总体规划方案评价,主要涉及地理与地质、占地与动迁、产业结构、交通运输、环境保护、居住用地组织、防灾、市政、总体布局、城市造价等内容[13]。

于洋阐述了国外可持续发展模式的内容、特点以及修订过程,给出了评价流程与参考指标[26]。

金勇基于规划周期,提出城市环境公共价值与公共空间质量评价方法[27]。

毛开宇总结了城市公共空间设计的 10 个评价因子,为构建评价框架和参数设定提供了参考,并基于时效性评价给出了"城市设计综合影响评价指标系统列表"[23]。

2)轨道交通车站站域城市设计

国外对于轨道交通站域的城市设计研究主要针对不同类型的轨道交通车站所带来的对周边空间环境现状的实际影响,并基于站点周边土地复合型开发模式、TOD 紧凑式轨道交通站点综合体开发模式以及城市空间重组理论,研究轨道交通站点对其周边区域的城市形态发展变迁的重要影响。

P. C. 乔治(P. C. George)通过对美国景观设计师参与设计的代表性轨道交通站点和高架线路的研究,指出了轨道交通对城市景观空间的影响[28]。

D. 凯尔博(D. Kelbaugh)等在《步行口袋手册》中首次提出"以公交为导向的发展"的思想[29]。

J. K. 科尔夫(J. K. Korf)和 M. 德梅斯凯(M. Demetsky)应用罗吉特模型(Logit Model),依据车站所在地区特性将车站分为五类:① 城市中心区车站;② 高密度住宅区车站;③ 住宅使用为多、少数商业使用地区的车站;④ 商业使用为多、少数住宅使用地区的车站;⑤ 住宅稀少及未开发使用的车站[30]。

罗伯特·切尔韦罗(R. Cervero)分析了北美城市轨道交通建设对城市土地利用和发展的影响,轨道交通整合步行商业街成为城市中心区重建和发展的潜在动力[31]。

罗伯特·切尔韦罗提出了 TOD 开发的"3D"原则[32]。

理查德·罗杰斯(Richard Rogers)在《小小地球上的城市》(Cities for a small planet)中针对社会、环境、城市设计提出了"紧凑城市"的构想,要求摒弃单一功能的开发和汽车的主导地位。其开发基于公共交通站点商业功能与社交功能,它是一种新型的基于车站的邻里模式,可以承担各种层面的活动需求[33]。

H. 普里莫斯(H. Priemus)和 R. 康宁(R. Konings)认为荷兰轻轨建设带来城市复兴机遇,轻轨有效耦合城市物理和空间边界,促进公共交通、居住区开发和城市活力之间的协调发展[34]。

G. B. 阿林顿(G. B. Arrington)论述过去 20 年轻轨交通融入到 TOD 模式中,对美国城市形态、社区结构重组产生的巨大影响[35]。

贾斯汀·雅各布斯(Justin Jacobson)和安·福赛斯(Ann Forsyth)分析了美国 7 个 TOD 项目的城市设计,并提出将来的 TOD 项目应关注于开发过程、空间预留及完善设施[36]。

J. A. M. 冈卡尔维斯(J. A. M. Gonçalves)、L. S. 波图加尔(L. S. Portugal)和 C. D. 大西(C. D. Nassi)研究了轨道交通沿线居住区的配套设施基于轨道交通站点的协调方法,阐述了轨道交通站点周边环境品质的提升可以优化车站服务并吸引更多居民的使用[37]。

H. 宋(Sung)和 J. T. 欧(J. T. Oh)对韩国首尔轨道交通站场的研究验证了站场区域 TOD 模式的适用性,论述了轨道交通站场周边土地使用、街道网络重组对城市环境影响的重要性[38]。

蔡蔚、韩国军、叶霞飞等基于轨道交通站点与其周边的既有建筑所构成的站点区域空间,分析了把尺度和形式大相径庭的空间结合为一体的方法,并总结了国外在此方面的先进经验[39]。

冯磊、叶霞飞从修建时期、车道情况、相交线路条件等层次,分析了东京市区范围内轨道交通线路高架下的地块用地功能,调研了上海市轨道交通3号线高架下的地块用地功能,同时完善了上海市轨道交通线路高架下的地块用地功能布局设置方法体系[40]。

赖志敏从宏观角度上研究了基于城市形态的轨道交通站点片区城市设计方法,以及从微观层面分析了车站及其周边的综合开发方法,尤其是从城市设计要素角度,以大量实际成功案例分析为依托,研究能够对开发实践产生积极影响的城市设计控制策略[41]。

杨樊通过比较国内外轨道交通开发模式的差异,并基于对北京市轨道交通及其周边的用地功能的研究,论证了轨道交通及其周边地块需由规划指导的必要性,并基于轨道交通车站区域用地功能布局现状提出轨道交通沿线用地功能布局原则[42]。

顾保南、周春燕、周建军等基于轨道交通站点周边建筑的布局模式的分类,构建量化模型,模拟各类不同空间布局下的乘客出行时间。再进一步分析论证了轨道交通站点及其周边的建筑布局模式的不同会造成较大的社会总体成本差别,并基于对上海轨道交通站点及其周边建筑设置的现实状况,阐述了当下国内轨道交通站点及其周边建筑布局模式的不合理与不经济。最后,对国内大城市相关部门提出了重视轨道交通站点及其周边建筑布局模式的建议,并给出了合理的建筑布局指导原则[43]。

王敏洁阐述了轨道交通站点综合体这一站点开发模式的可能性及其优点,并从城市设计的角度将二者结合,再结合上海轨道交通车站建筑的实际情况及发展方向深入研究了这一模式的具体实施方法[44]。

赵晶基于场地要求、城市形态、建设强度和功能复合,针对国内的实际情况分析研究了 TOD 模式在国内的实施方法,并给出了基于 TOD 模式的居住、商业和交通三者复合开发方法的流程,进一步构建了针对 TOD 模式开发的社会效益评价框架[45]。

梁正、陈水英基于国内轨道交通发展的趋势和特点为背景入手,并结合基本概念、类型划分等对轨道交通站点及其周边的建设进行初步探究,并基于三个具有特色的具体站点规划案例对其进行分析介绍[46]。

李松涛探讨了高速铁路客运站结合土地利用的站区布局,针对其与城市形态的关系,进一步研究以客运站为中心的站区空间形态及其分类。根据实际情况,分别从经济层面、人口因素、城市等级等方面研究分析了若干城市的客运站区,并对客运站区进行了分类与解释[47]。

卢济威等提出了以轨道交通站点为核心的城市片区协调发展是实现区域可持续的合适契机,其所带来的巨大人气能促进片区功能充分发挥,促使片区创新要素发挥作用,形成以公共交通先行的高效开发模式,进而完成经济的持续循环。在分析协调发展的国内外经验的同时,提出了城市形态的发展方向并分析了城市设计促进协调发展的必要性和优点[48]。

王志成给出了评估方法用以对轨道交通站点及其周边片区的城市设计进行合理评价,对北京市区中心几处轨道交通站点及其周边区域进行了深入研究,给出了轨道交通站点及其周边区域的设计方法以及分类,讨论了各类要素,并初步提出了基于轨道交通站点核心区的设计框架[49]。

张雁基于对国内外轨道交通站点建设经验的总结分析,提出了上海市轨道交通发展历史进程,结合实际案例对其周边的土地利用进行分析,讨论了站点及其周边的用地功能与站点地区的城市设计方法,并基于上海市轨道交通站点现状,给出了合理的开发模式[50]。

张乐彦研究了以轨道交通站点主的城市重要地段的城市设计与城市规划管理的相互关系,以及保证其落实的具体程序与主要内容,具有指导意义和社会效益,并以上海市地铁 10 号线四川北路站及其周边区域的城市设计为例[51]。

王兆辰从整体和局部为出发点,深入地探讨了城市轨道交通对北京城市形态至局部空间的影响,进一步讨论了 TOD 模式下站点核心区的相关城市设计要素分类,并给出了其一定的设计控制因素与设计上的不同侧重点。再基于城市设计流程,构建了一种 TOD 模式下轨道交通站点核心区的城市设计体系,并以北京市轨道交通 9 号线花乡站核心区为例,将基于 TOD 模式下的城市设计体系实际应用到现实项目[52]。

曹玮研究了基于用地规划与道路交通规划以及城市设计互相协调的出行需求对用地功能的影响和土地利用性质对道路交通的导向,并以南京市轨道交通二号线东延线站点附近区域土地利用与轨道交通一体化为例进行实证研究[53]。

谢屾对轨道交通车站核心区城市形态和车站周边土地利用性质进行分界,提出了各种站点周边空间布局模式,再以南京市不同性质的轨道交通车站进行分析,阐述了不同站点现有的空间组织不合理,进而针对现有的不合理空间组织分多层面提出修改意见和具体措施,最终根据修改结果归纳总结出四种站点的空间组织模式[54]。

杨燕、顾保南以城市轨道交通车站接驳空间为切入点,从与周边建筑结合的概念、与周边建筑结合的模式以及结合方案评价方法三个方面进行了研究[55]。

1.2.3　既有研究工作总结

上述文献基本反映了当前轨道交通研究的总体情况。总的来说,目前已有研究仍然存在以下不足:

1) 国内许多学者已经注意到城市设计的重要意义,但是对于市郊轨道交通特点了解的不足导致市郊轨道交通与市区内轨道交通的城市设计的无区别研究。

2) 国内外对轨道交通影响评价的研究主要集中于环境影响,关于主动式隔绝轨道交通不利影响的研究较多,关于被动式隔绝轨道交通不利影响的研究较少。

3) 车站站域综合开发的城市设计,区别于一般城市设计的关键点在于车站与周边建筑的结合设计,但是目前对于结合设计的研究主要是建筑学或城市规划领域对于衔接设施的设计研究,专门针对轨道交通尤其是市郊轨道交通特点,进行车站站域城市设计尤其是车站与周边建筑结合的研究仍然较少。

4) 城市设计的方案评价目前的研究主要还是以定性分析为主,缺乏定量分析的内容,关于轨道交通车站综合开发的城市设计方案设计评价研究基本没有。

1.3　研究目的与意义

1) 弥补国内轨道交通车站核心区研究的缺环,延展轨道交通车站站域规划研究方法

从发达国家的轨道交通车站发展历程可以看出,建设轨道交通车站可以迅速聚集人气进而推动区域发展,为当地创造可观的收益,并且在很大程度上能提高车站周边的环境,合理重组城市配套设施,多层次、多角度地进行城市开发,尽可能地将社会效益最大化。如果在轨道交通站点建设前未规划好其与附近区域的配合,当车站客流量发展到一定程度后,将带来轨道交通站点更新、

区域交通协调、既有基础设施更改等不必要的开支。另一方面,轨道交通的建设运营部门通过捆绑土地综合开发的方式,不仅可以保证轨道交通的合理客流,也可以形成投资收益,弥补轨道交通的运营成本,并促进车站的站域开发。但是目前我国轨道交通车站的综合开发还处于起步阶段,城市规划师和建筑师在该领域的研究仍然缺乏实践经验和研究深度。

2)拓展轨道交通核心区研究领域,正确辨析不同功能轨道交通核心区的特色及差异

我国目前对轨道交通车站核心区的研究之不足进而影响到对轨道交通车站的研究。从功能上看,目前国内轨道交通站点周边的设计一般为车站＋商业＋居住的布局形式。而实际上在功能复合的同时,轨道交通站点设计还应针对所处的区域环境,对其特色性质进行准确定位,以避免同质化竞争。例如,在我国香港地区,由于人口稠密、土地稀缺,轨道交通站往往与居住、商业整合开发,形成一个巨大的城市综合体,进一步强化了轨道交通站点步行接驳,使得整体的人流动线连续且流畅,同时通过商业开发来补充轨道交通运营成本,使得商业所占的比重极高,相对而言其他交通功能所占的空间比例并不高。而在日本的许多郊区,居住形态以独立式住宅为主,轨道交通与居住之间的联系往往需要通过公交或小汽车换乘,车站的换乘空间要求较大,因此车站的交通功能比重相对比较大,除此之外,日本有些市郊车站同时兼具社会服务功能,例如市役所、市民会馆等,有些车站甚至整合了公园功能,如图 1-1 所示。车站所具有的社会意义和服务意义已经超越了车站本身,车站从希望人们快速通行进出改变为期望吸引人驻留。特色性质可结合其周边既有产业与地域禀赋要素设定,并且融入创新要素,在既有特色上推陈出新,激活片区活力,形成有场所精神的轨道交通站点核心区。

图 1-1 大阪站屋顶用于休闲的风之广场

3）搭建学科沟通桥梁，实践建筑—交通—城市的跨学科合作研究

我国目前对轨道交通车站及车站综合体的研究既有城市规划学科领域，又有建筑学学科领域以及交通工程学科领域，各自独立研究的情况比较普遍，鲜有跨学科领域的合作。此外由于轨道交通车站整合了更多的功能，往往覆盖了换乘公交、停车场、商业区等，有些市郊站甚至成为综合交通枢纽（如与机场、火车站等综合），其涉及内容更为复杂。学科之间的沟通不足容易导致理论研究与工程应用的严重脱节。例如，北京四惠东站作为城市轨道交通1号线与市郊轨道交通八通线的换乘车站，基于人性化的原则，车站设计为同站台换乘，目的是减小换乘难度，节约换乘时间。但是实际运营中，由于1号线的发车密度较高，八通线的发车密度较低，造成了两线换乘人流排队滞留等候的严重问题，这就是建筑设计与交通规划严重脱节

的表现。

由于人口的集中效应,我国的大城市尤其是中心城市的发展在未来相当长时间内仍然会处于一个从城市中心区向郊区拓展的过程,即使已经在建的郊区新城也需要进行城市基础设施的提升。城市轨道交通线网布设也将从以城市中心为主转向郊区,更迫切需要研究一套适应市郊轨道交通特征的城市设计理论和研究方法。传统的建筑学或城市规划研究方法都因学科局限于空间特征研究或宏观研究 TOD 的理论,无法深入研究市郊轨道交通的独特性与针对性。单一学科的背景无法完成对综合体的研究,有赖于跨学科合作研究。

本书研究者具有国家一级注册建筑师与国家注册城市规划师执业资质的跨学科背景,计划通过本书的研究工作,将建筑学、城市规划和交通学科的理论交叉融合,初步形成相对合理的市郊轨道交通车站核心区城市设计的理论与方法。

1.4 研究方法、研究内容与技术路线

1.4.1 研究方法

本书以文献查阅、实地调研、定量分析法与定性分析法四种方式,作为主要研究方法。

1) 文献查阅

本书涉及的文献资料分析与整理,包括探讨相关议题的书籍与专论、期刊、会议论文,学术机构与学会研讨会等不同层面资料来源的整理。从文献资料入手全面地了解掌握研究市郊轨道交通及其周边的结合设计。

2) 实地调研

选取具有代表性的以市郊轨道交通车站为核心的区域作为研究对象进行现场调研,并以不同国家地区的样本进行对比分析。主要以中国上海、中国香港地区、日本、新加坡市郊轨道交通车站及其周边区域作为调查目标,把搜

集的资料和现状情况放在一起进行综合比对，通过实践进行系统的分析总结。

3）定量分析法

定量分析市郊车站用地及其功能与周边居住社区用地的投入成本及其所能获得的效益，从而使研究对象进一步精确化，以便更加科学地揭示规律，把握本质。

4）定性分析法

对市郊轨道交通车站核心区进行"质"方面的分析，对获得的各种资料进行思维加工，达到认识事物本质、揭示内在规律的目的。

1.4.2　研究内容与技术路线

本书的各个部分都是紧紧围绕着城市轨道交通主导的 TOD 模式相关研究展开的，涉及的内容较多，研究的范围较广。全书共分为 5 章。

第 1 章绪论，阐述本书的研究背景、研究目的和研究意义，分析国内外研究现状和发展趋势，阐述本书的研究思路和研究方法，最后总结本书的主要内容和创新点。

第 2 章市郊轨道交通车站核心区及其城市设计，借鉴国内外市郊轨道交通发展的案例及经验，在对国内外市郊轨道交通的影响范围和影响程度进行案例分析的基础上，首先对不同发展模式的市郊轨道交通核心区进行分类并确定其各自特征，然后研究并提出其内在的典型布局模式和衔接特征。

第 3 章市郊轨道交通车站核心区城市设计的方案设计，论述了城市设计方案设计的相关定义，并详细阐述城市设计方案设计的流程，进而通过分析市郊轨道交通车站核心区城市设计的独特性，分析其与一般城市设计方案设计的差异，尤其是其作为市郊车站的特性差异，即车站与核心区城市功能的结合。最后总结市郊轨道交通核心区城市设计的典型方案。

第 4 章市郊轨道交通车站核心区城市设计的方案评

价,通过对城市设计方案评价概念的定义,分析国内外城市设计方案的评价方法。明确了市郊轨道交通车站核心区城市设计方案评价的评价对象及评价目标,并通过其与一般城市设计方案评价的对比,分析其评价的要点。最后总结市郊轨道交通车站核心区城市设计方案评价体系的建构。有别于一般城市设计方案,在市郊轨道交通车站核心区城市设计方案评价中引入时间价值理论,在城市设计方案评价中以成本效益理论为依据,在对市郊轨道交通投入成本和获取效益的量化研究的基础上,提出车站核心区各方面成本效益的计算方法。基于充分发挥城市轨道交通投资与运营效率的基本思想,以保证城市轨道交通项目财务平衡作为限制条件,提出市郊轨道交通核心区城市设计的评价方法,并据此建立市郊轨道交通车站核心区成本效益计算模型。

第 5 章结论与展望,全面总结本书的主要研究成果和创新点,并针对目前研究中不完善的部分对后续研究工作进行了展望。

本书研究技术路线如图 1-2 所示。

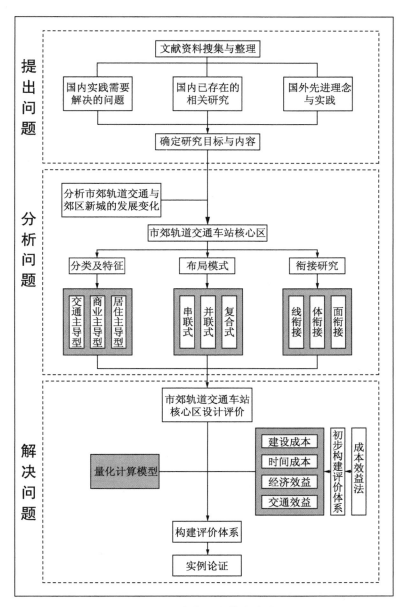

图 1-2　本书研究技术路线

第 2 章 | 市郊轨道交通车站核心区及其城市设计

市郊轨道交通作为联系郊区新城与城市中心区的重要通道,车站站域及其周边自然形成郊区新城的区域核心。基于车站站域的城市设计,前提是充分分析车站对其周边区域的影响范围和影响方式,结合车站自身的特点,从而才有可能进行针对性的方案设计。本章通过分析车站核心区与车站的互动关系,从而总结车站核心区的布局模式,并结合城市设计的方法提出其关键要素。

2.1 市郊轨道交通车站及其核心区

2.1.1 市郊轨道交通车站

1) 市郊轨道交通车站的共性

从国内外的案例分析来看市郊轨道交通车站具有一些共性,同时也因各国土地资源、政策法规的不同而具有一些区别,综合为下述几个方面:

(1) 由于市郊线路地面及高架比例较高,车站普遍属于地面或高架车站。

(2) 为了避免车站及其线路对两侧城市的切割,一般地面型或路中高架型车站都具有联系通道的功能。

(3) 车站区域单一功能型极少,普遍为综合开发,尤其是商业功能的综合。

(4) 车站片区核心、外围特征明显,核心区开发强度

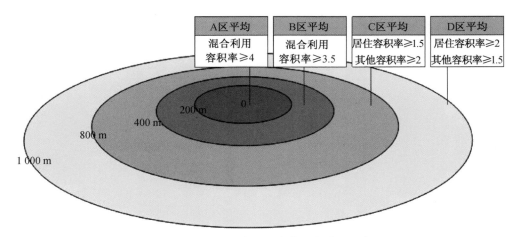

图 2-1　车站周围开发容积率非平衡分配示意图

极高,尤其是在土地资源较为宽松的国家核心区至外围区的开发强度呈急剧递减状态(图 2-1)。

(5)不同功能主导的车站综合开发区别较大,越是远郊车站商业所占的比重越高,综合的功能也越多,日本部分郊区甚至有车站综合市民会馆的功能。

(6)公交接驳以及停车换乘设施容量要求远大于城市中心区车站。

(7)车站核心影响范围以步行为主,各种换乘功能都需要多维度、多向度的步行设施,如天桥、地下通道等(图 2-2)。

图 2-2　步行天桥与地下通道

2) 市郊轨道交通车站站域空间结构构成

狭义上说,市郊轨道交通车站大多数是以独立的个体存在的,车站的概念主要是指车站本体。但是从车站构成形态模式来看,市郊轨道交通车站的车站本体,除了可以单独存在并通过衔接设施与周边建筑结合之外,也可以作为特定功能建筑的一部分被包含在内。因此广义上车站的概念应该包括车站本体以及与其结合紧密的城市空间。具体来说,自内而外分为车站本体、车站核心影响区(简称核心区)、车站外围影响区三个部分(图2-3)。

(1) 车站本体

包括车站的进出站大厅、站台、必要的垂直交通及联系通道等。

(2) 车站核心影响区

与车站紧密联系的换乘设施如停车场(站)、商业设施、步行设施(天桥或地下通道)、城市功能建筑(住宅、商业、办公等)等,步行可达性高,无需换乘其他交通方式。

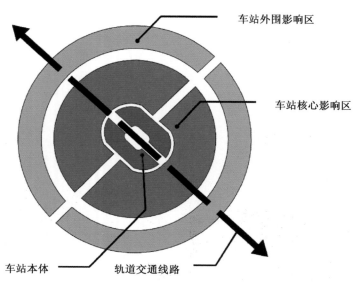

图2-3 市郊轨道交通车站功能分区

（3）车站外围影响区

受车站影响的各种城市功能区，步行可达性较弱，需要其他接驳交通工具与市郊轨道交通换乘。

2.1.2　市郊轨道交通车站核心影响区（核心区）

卢卡·贝尔托利尼（Luca Bertolini）和特茹·斯比特（Tejo Spit）在《Cities on rails：the redevelopment of railway station area》一文中对轨道交通站点周边区域内人的出行特征进行了详细的调查与统计：以公交站点为圆心，大多数人愿意步行的范围在约 150 m 之内，40％的人愿意步行 300 m，只有不超过 10％的人愿意步行 800 m。因此他们建议采用步行 5～15 min 的距离，约 400～500 m 至 600～800 m 的半径作为轨道交通站点影响区域的范围[56]。2008 年，李孟冬提出在城市道路环境下步行合理可达范围并非以往习惯采用的"500 m 为半径圆形"，而是与"500 m 为半径圆形"相去甚远、与道路分布状态密切相关的多菱形复合体，存在跟随路网分布变化而相应变化的规律，否定了以往对步行合理可达范围一成不变的误解[57]。

综合以上的观点及实证调查，结合城市的各种影响因素，我们选择以步行距离 500 m 作为车站核心影响区域范围，而这一影响范围与 500 m 影响半径是有所区别的。由于城市空间的复杂性，以车站为核心的 500 m 影响半径有可能实际步行距离远超过 500 m，以步行 500 m 为范围的核心影响区实际上呈现为不规则形状。

2.2　市郊轨道交通车站核心区城市设计

2.2.1　城市设计概念和内容

2.2.1.1　概念

我国著名学者齐康院士认为："城市设计是一种思维方式，是一种意义通过图形付诸实施的手段。"[19]城市设计是塑造和改善城市空间环境的重要手段。在城市总体规划、分区规划、建设专项规划、详细规划等一系列与城市建设相关的工作中都包含城市设计内容。从 20 世纪 60 年代开始,"城市设计"逐渐成为一门独立学科,各国学者纷纷从不同的视角不断拓展城市设计的研究领域,并取得了大量成果,但是时至今日"城市设计"这门学科依然没有成熟,我国的城市设计经过 20 年的曲折发展,已经成为城市建设活动中的关注热点。一方面,城市决策者和管理者需要城市设计作为直观手段提升城市空间品质、改善投资环境;另一方面,市民对自身所处的城市空间环境和城市景观的要求不断提高,对城市空间质量的期许不断增加。2015 年,我国在《中央城市工作会议上》明确提出了"要加强城市设计",虽然在我国城乡规划法规层面城市设计并没有作为法定内容,但是城市设计的重要性已经日益提高。

由于我国的"城市设计"仍然处于发展阶段,"城市设计"概念与边界的模糊直接导致了城市设计实践与评价活动的混乱。

目前国内外主流学者或学派对城市设计概念的认识,大致可以划分为:

1) 强调空间形态:关注城市设计和建筑学的传承关系,认为城市是建筑的扩大化。

2) 关注艺术形态:以视觉为导向,强调美学标准,侧重于城市景观和环境设计。

3) 注重社会关系:关注城市中人的活动,强调城市发展对社会关系的影响,关注社会、政治、经济对城市空间的影响。

4) 关注公共空间:明确城市设计的主体是城市公共空间,关注空间边界的表达。

5) 关注行为与空间互动关系的城市设计:强调以人为本,从使用者的心理和生理需求出发,注重城市空间的环境质量。

6）强调过程的城市设计：关注理想方案与现实实践的过渡衔接，将城市设计视为一个贯穿始终的动态过程，全面考虑方案实施后对社会、政治、经济各方面所带来的影响。

7）广义的城市设计：城市设计的概念从诞生的那天起就与建筑学和城市规划等相关学科息息相关。因此，城市设计的活动需要跨学科进行交流与合作。

城市设计著名学者王建国院士总结国内外的城市设计理论研究，比较明确地提出城市设计的定义：

城市设计是与其他城镇环境建设学科密切相关的关于城市建设活动的一个综合性学科方向和专业。它以阐明城镇建筑环境中日趋复杂的空间组织和优化为目的，运用跨学科的途径，对包括任何社会因素在内的城市形体空间对象进行设计研究工作[19]。

2.2.1.2　对象与内容

城市设计的对象范围较广，从大到小，从整个城市到局部地段都可以是城市设计的对象，王建国院士把城市设计的对象范围划分为三个层次：大尺度的区域——城市级城市设计；中尺度的分区级城市设计；小尺度的地段级城市设计。其中，区域—城市级城市设计主要考虑两方面：一是地区政策，包括土地使用、绿地布局、公共设施以及交通和公用事业系统；二是新居民点的设计，包括新城、城市公园和成片的居住区。

分区级城市设计主要设计城市中功能相对独立，并具有环境相对整体性的街区。其主要内容包括三个方面：一是与区域—城市级城市设计对接；二是旧城和历史街区的保护及更新整治；三是对功能相对独立的特别区域如城市中心区、历史街区进行规划设计安排。

地段级城市设计主要指建筑设计和特定建设项目的开发，如广场、交通枢纽、大型公建及其周边环境等。

2.2.2 市郊轨道交通车站核心区城市设计及其要素

2.2.2.1 市郊轨道交通车站核心区城市设计

从市郊轨道交通车站核心区的内容、规模及尺度来看,其属于城市中心区的范畴,其城市设计应该属于分区级城市设计或者是地段级城市设计。美国学者波米耶(Paumier)在《成功的市中心设计》一书中,提出城市中心区开发的七条原则:

1) 促进土地使用种类的多样性

土地使用布置尽可能多样化,各种功能互补,通过整合商业、办公、居住、娱乐等设施,发挥多元综合效益。

2) 强调空间安排的紧密性

紧密的空间有助于人们活动的连续性,过于开阔的空间会导致各种活动稀疏零散,多采用"连"和"填"的方式。

3) 提高土地开发的强度

城市中心区应具有较高密度和商业性较强的开发,高强度开发不一定是高容积率或者高密度,土地综合利用才是关键。

4) 注重均衡的土地使用方式

避免各种活动过分集中于特定土地使用,不同类型的土地利用应该相对均衡分布,避免土地使用的潮汐现象。

5) 提供便利的出入交通

鼓励步行和公交使用,合理安排交通换乘,保持车辆和行人的相对平衡。

6) 创造方便有效的联系

通过人行步道系统,创造连续的空间,使中心区主要活动能够相互联系,形成完整的步行系统。

7) 建立一个正面的意象

通过标志性建筑物、街道与广场的美化设计等方式提高中心区的空间品质,使之成为令人向往、舒心愉悦的区域。

市郊轨道交通由于站距长,交通功能重要,其车站核

心区基本成为市郊新城各组团的中心区,具备城市中心区的特点,但是又有其特殊性,主要表现在:

1)人流潮汐现象极其严重

市郊新城一般不属于城市主要工作区,因此在每天的上下班高峰期与其他时间形成明显的潮汐现象,同时由于其站距大,在下班高峰期的瞬时人流也比城市中心区表现得更为明显。

城市设计要点:在车站附近必须合理留置足够的站前空间作为人流集散,同时站前空间能够捆绑其他功能,从而避免潮汐现象造成的空间浪费。通过多通道的衔接方式把车站与周边建筑功能直接联系,从而分解人流。

2)噪声及振动影响明显

市郊轨道交通一般采用高架或地面形式,在车辆运行过程中不可避免地产生轮轨噪声及振动,尤其是在车辆进站时,停车制动的噪声较为刺耳,而高架会把噪声影响的程度加剧。

城市设计要点:利用合理的建筑布局,在车站两侧利用不受噪声振动影响的建筑物(如购物中心、展览中心、公园等)进行屏蔽,在离车站相对较远处布置对环境影响敏感的居住建筑,从而使环境的不利影响弱化。

3)新城建设的时间跨度大

市郊新城的建设具有时间跨度大的特点,从无到有,从人流稀疏到人气集聚,这都需要一定的时间。轨道交通太晚建设,无法引导新城开发;轨道交通过早建设,人流不足,浪费资源。车站配套设施的容量也都需要一个逐步丰富的过程。

城市设计要点:采用分期概念,核心区建筑分期建设,形成从疏到密、从低到高的发展过程,在轨道交通车站必须合理预留冗余用地,从而为轨道交通车站发展提供空间。

4)车站为核心建筑

与一般城市中心区以标志性建筑或以城市广场等开

放空间为核心不同的特点在于市郊轨道交通车站核心区的核心建筑是车站,其他建筑物围绕着车站圈层布置。轨道车站本体规模并不大,但却是车站核心区聚集人气最多的建筑物。

城市设计要点:车站站前空间与核心区的开放空间(如集会广场、步行街区)等联合设计,形成整体,在多维度上通过天桥等设施把车站与核心区建筑相互衔接,形成多通道的集散系统。

5)车站"人流量"机遇

市郊轨道交通车站核心区是市郊各个组团人流量最大、人气最集聚的场所,我国轨道交通车站仍然还处于疏导为主、满足交通进出为目标的设计模式,而日本、新加坡、中国香港等国家或地区早已把车站当成一个"聚宝盆",不仅仅满足于快进快出的交通功能,而是希望更多的人汇聚在车站,从而把交通人流转化为购物人流。

城市设计要点:基于车站与周边建筑共建、共同开发的原则,创造更多的开放空间与商业设施,提高人性化水平。例如车站附近布置口袋公园,车站与其他建筑组合形成连续不断的室外步行街,使车站进出人流更长时间地在车站周边活动,从而创造更多的商业价值。

2.2.2.2 市郊轨道交通车站核心区土地利用

从上一节的城市设计要点来看,市郊轨道交通车站核心区的综合开发,形成一个巨大的城市综合体,是提高轨道交通车站边际效益的必然途径。从轨道交通站点规划的开发模式来看,不同的导向必然会导致核心区的客流集聚、空间结构和组织模式的不同。根据这一原则,市郊轨道交通车站的土地利用体现为以下三种类型:

1)交通主导型

交通主导型是指市郊轨道交通车站核心区土地利用以满足轨道交通及其与其他交通换乘功能为主,一般该类型主要是综合交通枢纽站,具有多种类型的交通模式,除了轨道交通功能以外，一般必不可少的是区域公交总站，此外还有可能存在轻轨站等衔接交通功能。

案例：新加坡盛港新镇站

盛港新镇是新加坡的卫星城城市住宅，最初是一个渔村，该地区在住房发展局（HDB）的建设下快速发展转变成一个完全成熟的房地产。新镇如今包含四个大的社区。盛港站是新加坡大众捷运系统东北线和盛港轻轨线的换乘站，用于服务盛港新镇。盛港站集合了勘宝坊购物中心（Compass point shopping centre）、全空调的公交换乘站、罗盘高地公寓（Compass heights condominiums）等大型的公共服务设施（图 2-4）。

为了防止车站周边人流与车流的交叉，同时方便周边居住区居民的出行，车站在四个方向都设有人行天桥与周

图 2-4　盛港站各功能位置关系图

边居住区连接。作为补充,还设置了与小区未开发地段的地面衔接连廊。

以盛港站为圆心,车站 200 m 范围内,有三大块作为预留用地的公共绿地。500 m 范围内分布着规模各不相同的居住区以及它们各自配套的商业、小学等设施。商业与车站结合布置,是该片区的商业中心,采用天桥连接的方式相互连通。公共绿地紧邻车站与商业中心,并与体育场等设施相结合布置。

盛港站周边的道路网布局为方格网状,道路分为四级:快速路、主干路、次干路、支路,车站周边 500 m 也是这样布置的。车站西 500 m,有一条快速路——盛港快速路(Sengkang Fast Rd.),其余为普通道路,间距约为 120~500 m。通过道路围合出住宅空间。

2) 商业主导型

商业主导型是指围绕轨道交通车站进行高强度商业开发,车站周边的商业空间通过各种方式与车站直接衔接,有些甚至把车站与商业建筑捆绑为一体,形成一个基于车站的商业建筑综合体,从而把轨道交通的巨大人流转化为商业人流。商业主导型的核心区开发就是应在满足交通客流可以安全、快速疏散的前提下,适当引导、利用交通客流,给商业空间带来更大的效益[58]。

案例:香港青衣站

青衣站坐落于香港新界青衣岛上,是轨道交通东涌线与机场快线的换乘站,通过与住宅区及商业购物中心共建的模式形成车站综合体,整个综合体包括了车站、青衣城购物中心、盈翠半岛高层住宅区以及公交枢纽站,其中 6 层"大底盘"为交通功能与商业功能,大底盘上面为屋顶花园以及高层住宅(图 2-5、图 2-6)。

青衣站位于综合体的二、三层,各设置 2 个侧式站台,综合体一层为换乘大厅,同时也作为车站交通与商业的复合功能空间,除了满足集散及商业功能外还设有人行天

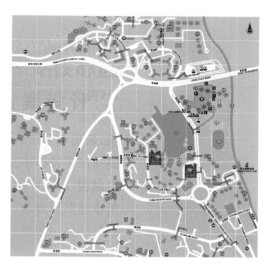

图 2-5　香港青衣站区位图　　　　图 2-6　香港青衣站示意图

桥直通公交枢纽站,可以换乘 20 多条公交线路(图 2-7)。

　　青衣城购物中心位于车站综合体的地下一层以及地上的三层,其中一至三层均设有通道直通青衣站的站台层,商业面积达 4.6 万 m²,是该区域最有活力的商业中心。位于第四、第五层的停车场通过坡道与城市道路接驳,不仅作为盈翠半岛高层住宅区的配套停车场,同时也为离青衣站较远的居民提供了停车换乘场所,使轨道交通车站的覆盖率扩大。第六层作为屋顶花园,为上面的高层住宅区提供休憩场所,从而利用有限的土地资源营造出了一个公共开放空间[59]。

　　3)居住主导型

　　居住主导型是指市郊车站核心区土地利用是以住宅区开发为主,但是从国内外实例来看,"车站＋住宅"的模式并不多见,主要是这种类型没有利用车站作为区域的中心进行商业开发,对商业价值而言损失较大。因此目前国内外占主导地位的大多是"商业＋车站＋居住"。

　　从现实操作层面来看,居住主导型的模式在市郊轨道

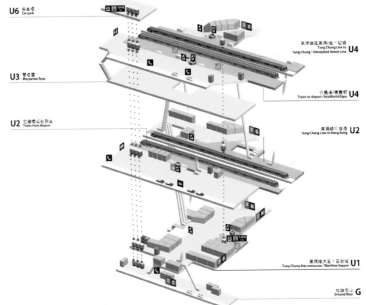

商店
Shop

自助服务商店
Self-service corner

照相机
Photo booth

自动售卖机
Self-service machines

恒生银行自动柜员机
Hangseng Bank ATM

中国银行自动柜员机
Bank of China ATM

洗手间
Toilets

的士站
Taxi stand

客服中心
Customer Service Centre

车票
Tickets

收费公用电话
Payphone

停车场缴费处
Car park shroff

免费Wi-Fi热点
Free Wi-Fi hotspot

图 2-7 香港青衣站轴测图

交通车站核心区开发建设中会短暂地存在。主要是由于市郊轨道交通车站建设初期,在客流量尚未达到一定程度时,车站周边的大型商业开发条件并不充分,一般以居住区配套的小规模商业为主。而车站与居住的短接方式有利于客流量的提升,到片区开发进入成熟期,大型商业的需求则日益增加。这时候可以利用原先预留的商业地块进行开发,从而避免土地开发殆尽的矛盾。当然这种渐进式模式也要求在车站建设初期合理布局,预留足够的商业开发空间以及车站与商业衔接的接口。

2.2.2.3 市郊轨道交通车站核心区用地关系

1）车站与住宅用地

根据我国城市规划法规,住宅用地是指居住建筑基地占有的用地及其前后左右附近必须留出的一些空地,其中包括通向居住建筑入口的小路、宅旁绿地等。

从世界上大部分新城开发的经验来看,除了法国拉德芳斯新城是以商务办公为主以外,其他大部分市郊新城的轨道车站周边的居住占有的比例都是最高的。

国内外的大量研究表明,距离车站越近,住宅的价格越高,例如美国的 Al-Mosaind 等通过研究波特兰的 MAX 项目之后,总结出规律:车站周边 500 m 范围内的住宅价格比其他地区高出近 10.6 个百分点,而且越接近车站,住宅价格越高,但是由于车站附近的人流、交通噪声等原因,紧挨着车站的住宅价格有所下降。

在车站附近的各种功能中,住宅对噪音环境的要求最高,因而,住宅应该远离或者隔离来自车站及周边的噪音,住宅离车站的距离越近,降噪所需的成本则越高。在市郊轨道交通车站核心区影响范围内,车站与住宅共有三种位置关系:(1) 直接衔接,即车站与住宅为一体,通常以地铁上盖物业的车站综合体形式出现,如香港青衣站。(2) 间接衔接,即通过人行天桥、广场等衔接在一起。(3) 相离,即代表车站与住宅之间除了道路,并没有其他定向的连接方式(图 2-8)。

2) 车站与公共服务设施用地

公共服务设施用地是指居住区内各类公共建筑和公用设施建筑物基底占用的土地以及其周围的专用地,包括专用地中的通路、场地和绿地等。根据使用性质和车站周

图 2-8　车站与住宅三种位置关系示意图

边居民对其使用的频繁程度进行分类,共分为4类:教育、医疗卫生、商业服务、文化体育[60]。

（1）教育

教育类用地,如幼儿园、小学等,由于自身存在噪音,同时又对噪音敏感,一般布置在居住区的外围,从而减小与住宅的相互影响。由于市郊轨道交通车站本身的噪声等不利环境影响,教育用地必须远离车站,此外我国目前存在的幼儿园小学接送现象使得教育用地对交通影响极大,这也决定了其不应靠近车站,以免造成拥堵。

（2）医疗卫生

除了医院外,居住区内还有诊所、卫生站等便民设施,这些设施一般集中设置于服务性的建筑如会所中,医疗卫生建筑对环境影响敏感度较高,但是又要求交通便利,因此其与车站的距离必须适中。

（3）商业服务

车站周边的商业服务大多是随着车站一起规划建设起来的综合体形式。这样既服务于核心区的居民,也可以满足远离车站的居民的需求。

（4）文化、休闲、体育

文化休闲设施可以与车站结合布置,有利于提高车站的人气,避免通勤潮汐现象导致的车站空间空置。大型体育设施的使用有间歇性特征,与车站的距离应该适中,不应过分靠近轨道车站,避免人流相互干扰,可以适度靠近公交总站的位置,从而为离车站较远的居民提供方便,如图2-9所示。

3）车站与公共空间

车站站前空间是重要的城市公共空间,站前空间的复合化和多样化是提高站前空间利用率的重要手段,也是各国轨道交通车站的发展方向。与轨道交通车站联系最为紧密的是站前广场及绿地。

站前广场具有聚集和疏散人流的作用,是轨道交通和

图 2-9 青衣运动场

其他交通功能换乘的重要过渡,同时也为商业活动提供空间。为了避免市郊轨道交通潮汐现象造成的车站利用率不均衡,车站站前广场除了复合化、多样化,尺度也不宜太大,平面形状也可以化整为零的方式,形成富有社会意义的交流空间。

　　绿地作为公共空间重要的组成部分,可以引导人流活动,保护环境,提升自然景观,为居住区内居民提供交流活动空间,并且起到隔离缓冲噪音的作用。市郊轨道交通车站周边的绿地主要是开放式绿地,可以充分利用车站两端高架轨道下方的闲置空间布置绿地,同时绿地也应尽量与站前广场有机联系,应避免绿地完全成为城市景观背景,使之更易于进入和活动。

2.2.2.4　市郊轨道车站核心区城市设计要素

1)功能布局

　　根据轨道交通车站与建筑的结合关系,车站核心区的建筑布局模式可以分为串联式、并联式及复合式三种。其中,串联式即车站通过衔接路径穿越其他功能,一般先到达商业或接驳交通,再到达住宅(图 2-10);而并联式是通过多个衔接路径实现车站与其他功能的同时衔接(图 2-11)。

图 2-10　串联式

图 2-11　并联式

图 2-12　复合式

大多数车站可能两种结合方式同时存在,即采用复合式,例如上海轨道交通 11 号线南翔站(图 2-12)。不同的布局模式可能存在较大的差异,例如,采用并联式有利于车站同时与多个功能直接衔接,实现均好性,但是并联式要求增加衔接路径,因此也就需要更多的衔接设施建设成本。此外,如果住宅并不经过商业与车站直接衔接,虽然衔接路径缩短,但是原来需要穿过商业的必然行为变成了偶然,路径人流的商业效益显然没有得到充分利用。

(1)串联式——东涌站

东涌站(Tungchung Station)是香港轨道交通东涌线的终点站(图 2-13),紧邻香港赤鱲角国际机场,如果从机场进出的乘客不愿意乘坐较为昂贵的机场线,可以通过巴士换乘东涌线往返市区,此外也可以在东涌站转乘缆车往返昂坪。

东涌站的进站大厅位于地面层,可以连接东荟城、富东商场两座商场(图 2-14)。在进站大厅可看到东荟城连接富东商场的行人天桥。住宅区富东邨与富东商场连接,富东商场有多个出口可直达富东邨。富东邨内的居民由东涌站经天桥通过富东商场到达住宅区(图 2-15)[61]。

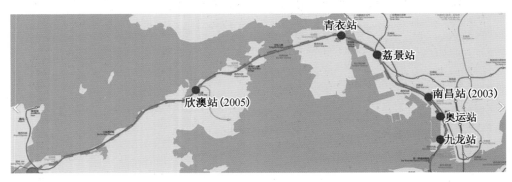

图 2-13　东涌站位置示意图

图 2-14　东涌站周边串联式衔接平面图　　　图 2-15　东涌站周边串联式衔接关系图

（2）并联式——天水围站

天水围站（Tinshuiwei Station）坐落于香港新界元朗区屏山北部，是港铁西铁线的车站，可以换乘元朗轻铁天水围站。天水围站南北两侧现有近 30 万居民，使用天水围站的乘客绝大部分均为前往外区通勤的上班族以及往来屯门、元朗的中小学生。

天水围车站与周边采取并联的衔接方式（图2-16），周边 500 m 范围内除住宅以外，共有两个大型商业设施，分别为天盛商场和天耀商场。整体车站高架于天福路与屏厦路交界处之上，主要由三组行人天桥与附近的天盛苑及天耀邨连接，另有出入口通往车站旁边的屏山天水围文化康乐大楼及巴士总站（天水围站公共运输交汇处）。两座商场分别与周边的住宅有着紧密的衔接关系，天盛商场内部有部分停车设施可以为住宅区的居民所用。出站乘客可通过天桥及人行道直接到达商场进行购物，车站相邻住宅区的居民可以通过天桥直接到达车站，也可直接从商场面向住宅的入口进入购物。同时，位于马路两侧的两座商场通过天桥连接为一个整体。通过以上多路径衔接的方式，使车站与周边住宅区、商业紧密结合。

图 2-16　天水围站周边并联式衔接平面

图 2-17　屯门站周边复合式衔接平面

（3）复合式——屯门站

屯门站（图 2-17）是港铁西铁线新界端终点站，靠近屯门公园，周边 500 m 内有多处大型商业设施，如 V-city、锦荟坊、屯门市广场等，同时也拥有龙门、雅都花园等住宅与商业设施紧密结合，一般都直接建于商场之上。由于客流来源于地铁站通向商场的天桥，因此，很多商场在地面层反而没有标志性的入口空间，主要出入口设置于高架的二三层，乘客出站后，直接通过天桥到达各个商业设施，由商场内的电梯到达居住层，也可直接穿过马路绕过商场正门，从商场侧面的住宅入口进入。为避免干扰，住宅入口的位置远离商场的人流聚集处，靠近天桥的位置配有专门的电梯为居民服务（图 2-18）。

2）衔接设计

按照市郊轨道交通车站与其他建筑功能的衔接形式，可以划分为三类：通道式、街道（广场）式及建筑体式，简称线衔接、面衔接、体衔接。衔接形式的选择主要是根据客流量，其中线衔接方式最简单、最常见，成本也最低，一般适用于客流较小的车站或者是在大型车站综合体中用以辅助的其他衔接方式。而体衔接的方式最复杂，建设成本最高，但是有利于提高土地利用率，适用于客流量极大的枢纽

图 2-18　住宅入口与独立电梯

站或者类似香港人多地少、土地价值超高的城市。

（1）衔接模式的分类

① 线衔接

车站与周边建筑"线"衔接是指当车站出入口与周边建筑有一定的水平距离时，车站的出入口通过天桥通道等连通到周边建筑中，两者之间线性连接在一起。

如元朗站：元朗站位于香港元朗新市镇东端，属于高架车站。车站大堂及站台分别设置于二三层。车站与周边巴士车站、商业、住宅均通过或短或长的天桥相连（图2-19），为典型的线衔接形式。

图 2-19　车站与巴士车站、商业、住宅相连的天桥

② 面衔接

一般车站的站前广场都设在地面层,即乘客需要从出入口到达地面层,在站前广场进行换乘或者前往其他目的地,通过车站与相邻建筑的围合,形成车站入口与相邻建筑入口空间的一体化,从而实现比线衔接更大范围的接触面。在土地资源紧张的情况下,也可以通过高架广场的方式,使相邻建筑的二三层与高架站厅衔接,从而形成复合化的广场空间。以将军澳站为例:

将军澳站(Tseung Kwan O Station)是港铁将军澳线的一个地下车站,位于新界东西贡区将军澳市中心宝邑路一带(图2-20)。车站周边500 m内,有3个大型商业设施,其中将军澳中心和PopCorn两座商场与车站通过天桥相连,另一座尚德广场与车站通过公园相连,即采用面衔接的方式相衔接。该公园名为唐明街公园(图2-21),占地约1.4 hm²,属于天晋发展项目的一部分,由港铁公司及新鸿基地产兴建。公园分为两期兴建,2011年中旬开始兴

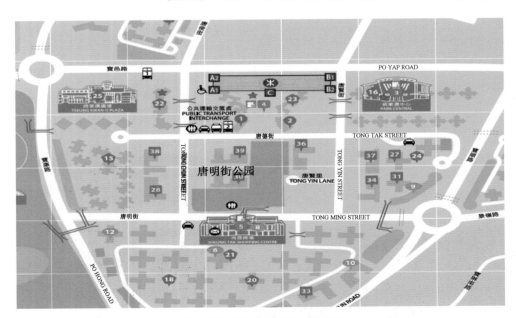

图 2-20　将军澳站周边街道图

图 2-21　唐明街公园

建，至 2012 年年底竣工，于 2013 年 3 月 22 日向公众开放。公园第一期主要为园景花园，该处建有一条斜道，长约 195 m，由唐明街地面入口延伸至 PopCorn 商场一楼的演荟唐明街公园广场，在唐贤里和唐德街亦设有入口，多个位置铺有多用途草坪，近唐德街地下设有长者健身站。而第二期主要为儿童游乐场及设有洗手间，并连接旁边的唐明街休憩处。

将军澳站通过唐明街公园，将车站与商业设施巧妙地结合在一起，并为周边居民增加了休憩、健身、娱乐场所，增添了城市活力。

③ 体衔接——青衣站

香港是世界上人口密度最高的城市之一，是典型的紧凑型城市，在土地资源相对紧张的情况下，土地的充分利用和高强度开发是实现公共资源最大化利用的关键。在这一原则下，香港的地铁上盖物业实现了特有的超强度开发。

香港的青衣城—盈翠半岛住区（图 2-22）即是典型的体衔接案例。从用地分类上看，青衣城—盈翠半岛住区属于香港的"居住（甲类）"。首先，此类型用地适用于交通方便的地点，临近地铁站或其他公共交通可达，且具有足够面积符合办公、上落货需求及通过交通评估；其次，此类用地

图 2-22 青衣站模型与平面图

为居住类型中的最高密度类型,可在最底三层或非住宅建筑物部分用做商业用途,如办公室、餐饮、服务行业、娱乐场所及学校等。从功能布局上看,青衣城—盈翠半岛属于上文提到的复合式衔接方式,居住、商业与车站集合在建筑综合体中。

整个项目由统一的开发主体——港铁公司开发建设,车站完全融合于建筑内部。综合体一层为换乘大厅,同时也作为车站交通与商业的复合功能空间,除了满足集散及商业功能外,还设有人行天桥直通公交枢纽站,可以换乘20多条公交线路。购物中心位于车站综合体的地下一层以及地上的三层,其中一至三层均设有通道直通青衣站的站台层。位于第四、第五层的停车场通过坡道与城市道路接驳,不仅作为盈翠半岛高层住宅区的配套停车场,同时也为离青衣站较远的居民提供了停车换乘场所,使轨道交通车站的覆盖率扩大。六层为屋顶花园,作为顶部高层住宅的入口层。

(2)衔接模式的特征

线衔接、面衔接和体衔接的特征如下:

① 从功能布局的角度来看:无论是串联模式、并联模式还是复合模式下,采用线衔接的方式,可以加强两种功

能之间的联系,节约了通行时间,又不会对彼此间产生过分的干扰影响,同时节约了建设成本;采用面衔接增加了人流集散空间,增添了车站综合体的活力;采用体衔接的形式,可以有效缩短交通距离,提高了公共服务设施的利用率,实现了土地的集约化利用。

② 从运营组织的角度来看:线衔接的各个功能区之间相对独立,可根据客流特征与需求,随时增加或修改运营组织方案;通过体衔接的各个功能区之间的运营组织是统一考虑的,虽然其中某些部分可以相对独立,但是公共服务设施的配置、人流与物流的交通流线等设计还是要相互配合的,并不能完全独立;而面衔接介于二者之间,根据客流特征与需求相对独立运营,也有需要相互配合的部分。

③ 从乘客出行的角度来看:线衔接可以使客流快速到达目的地,但容易产生拥堵情况;面衔接增加集散空间,并为乘客休息、交流活动提供充足的场所;体衔接可以分散客流,将水平空间内的活动,转化为竖直空间内的活动,节约通行时间。从总体上讲,体衔接的直达性好,使各功能区之间联系更紧密、连贯,最有利于乘客出行。

④ 从建设模式来看:线衔接形式布置灵活,成本较低,通常适用于轨道交通车站初期客流不大的情况,或者作为其他模式的补充;面衔接形式适用于郊区客流不大又相对集中的情况,同时也可以通过冗余方式为日后车站改造提供空间;体衔接效果最好,建设成本最高,在设计初期便需要整体设计,虽可预留改造空间,但很难进行大规模的调整和改造。

（3）衔接模式的适用性

根据市郊轨道交通车站核心区土地利用情况的不同,衔接模式的适用性亦有所区别。

交通主导型车站主要用以满足轨道交通及其与其他交通换乘,如前文所述,此类车站多为开发新城而设立的综合交通枢纽站。在发展还不甚完善的情况下，居住与商业为车站的辅助功能，不需要过分强调，因而多采用线衔接的方式相互连接。但是车站与其他交通方式的换乘衔接在人流量较大的前提下则有可能采用面衔接或体衔接的模式。

商业主导型围绕轨道交通车站进行高强度商业开发，目的是通过轨道交通带来巨大客流，车站内部的商业甚至直接融入商业综合体内以方便顾客的购买需求。采取面衔接与体衔接的方式，使商业从车站开始到周边商业综合体形成连续性的购物空间，有助于商业氛围的整体塑造。

居住主导型车站开发的功能是以轨道交通车站为导向进行大型住宅区开发，采用线衔接可以防止轨道交通车站对居住区产生过多干扰。

（4）衔接模式选择的影响因素

选择何种衔接模式取决于衔接设计的建设成本、运营成本、环境影响以及乘客出行等因素。

① 建设成本

在不同的衔接模式下，线路所采用的轨道交通制式、运营组织方案都有可能不同。因此，在同样满足客流需求的前提下，其线路总体建设成本将会有所差别。从直观上来看，线衔接模式通过天桥、通道将各功能区相互衔接，建设成本较体衔接模式来讲要低得多。同时，在不同的衔接模式方案中，由于其配套的运营组织方案也会有所差别，导致各部分功能区之间相连的连接点的方式和个数不同，造成所需的建设面积不同，因而对建设费用中的土建工程费等项目产生影响。

② 运营成本

不同的衔接模式配合不同的运营组织方案，车站核心区的运营成本必然也会受到影响。在客流量较低的车站可根据具体客流情况，采用线衔接的模式，或者线衔接与面衔接相结合的方式。而体衔接模式下，衔接点周边的运营组织方案是需要一体化设计的,所以在客流量较高的车站,可采用体衔接的模式。一般情况下,各功能区都以这三种模式中的两种或两种以上的模式相结合。对运营成本的具体影响程度还需要结合不同的运营组织方案通过详细计算才能分清。

③ 环境影响

在线衔接模式下,衔接点两侧可采用不同的运营组织方案,用地功能也可以是相互分离的,其产生的噪声和人流干扰影响程度和范围是不同的。一般来说,线衔接有利于各功能区自身的发展而不受过多的干扰,体衔接则更需要做好功能区之间隔离的工作,以确保诸如居住、办公等功能区正常运行。因此,在不同的衔接模式与运营组织方案组合下,环境影响程度是不同的。

④ 乘客出行

不同衔接模式对乘客出行的影响可以分为两方面,一方面是对乘客出行时间的影响,一方面是对乘客出行方便性的影响。无论是从出行时间来看还是从出行直达性来看,在同样满足客流量需求的条件下,体衔接使各功能区结合更紧密,乘客可以通过多种渠道从一种功能区到达另一种功能区。而采用线衔接模式,则有些乘客在非衔接点处必须先到达固定的衔接点,再到达另一种功能区,这必然会降低部分乘客出行的直达性,增加通行时间。无论是线衔接、面衔接、体衔接还是它们的结合,对乘客的出行影响都需要根据具体方案进行判断。

2.3　本章小结

1) 对市郊轨道交通车站核心区概念进行定义,明确了核心区的范围,并阐述市郊轨道交通车站与核心区的相互关系。

2) 阐述城市设计的概念与内容,分析市郊轨道交通车站核心区城市设计的独特性,明确了市郊轨道交通车站核心区城市设计的要点。

3）分析市郊轨道交通车站核心区城市设计的土地利用，根据开发性质的不同划分为交通主导型、商业主导型和居住主导型三类。

4）分析市郊轨道交通车站与核心区住宅用地、公共服务设施用地、公共空间用地等功能用地之间的相互关系。

5）通过功能布局与衔接设计模式的划分，总结市郊轨道交通车站核心区的城市设计要素。

第 3 章　市郊轨道交通车站核心区城市设计的方案设计

3.1　城市设计的方案设计

3.1.1　城市设计方案设计的相关定义

3.1.1.1　定义

英国建筑师弗雷德里克·吉尔伯特(Frederick Gibberd)认为："城市设计主要研究的是城市空间的构成与特征。"所谓的城市设计的方案设计就是根据城市发展需求，结合政治、经济、社会、文化、交通等多个元素，对城市物质空间形态进行设计，并制定指导城市空间形态设计性的导则。

3.1.1.2　作用

与城市规划和建筑设计不同，城市设计广义上可以理解为设计城市，即对城市的各种物质要素、使用功能、工程技术及空间环境进行的综合设计。城市规划更重视城市发展政策和城市空间结构，不能给城市直接带来高品质和适宜的人居环境，而建筑设计又主要关注建筑单体本身，二者之间往往很难协调。在古代社会，由于涉及城市的技术相对简单，城市规划师和建筑师往往是一体的，而现代城市由于涉及各种学科和技术，极其复杂，城市规划师和建筑设计师已经很难兼任，两个学科之间之间需要补充一个学科来进行配合，这个学科就是城市设计。

因此城市设计方案设计的主要职能就是扮演承上启下的角色,在我国规划编制和管理的各个阶段,城市设计的方案设计贯穿始终,从总体规划、分区规划、详细规划直到专项规划都包含城市设计的内容。城市设计的方案设计是城市规划的深化、延伸和补充,其侧重于城市不同方面,作用于城市的不同要素,而不同阶段的城市设计方案设计,其研究对象、尺度、成果表达也各不相同。

3.1.1.3 内容

城市设计方案设计的内容可以分为横向上的空间关系和纵向上的时间过程两部分。

1) 空间关系

城市设计方案设计的空间内容主要包括用地开发、城市交通规划与设计、建筑开发控制、景观及城市公共空间设计等。

用地开发是在城市规划基础上进行深化,结合土地的自然地形、现状条件等,对不同性质的功能进行布局。

城市交通系统功能复杂,因此城市交通规划与设计要求较高,对城市形态的影响也很大,甚至直接主导城市形态。

建筑开发控制主要包括对于建筑功能、建筑容积率、建筑密度、建筑高度红线后退要求等指标的硬性控制和建筑形式、建筑色彩、外立面风格等的指导性意见。

景观及城市公共空间包括城市广场、建筑间绿地、商业步行街、运动场地、建筑中庭等。

2) 时间过程

城市设计的构成不仅仅是空间物质形态,同时也存在时间特征。人们在城市空间中的活动随着时间不断变换,在不同时段同一城市空间也可能存在不同的用途。因此城市设计需要理解空间中的时间周期以及不同社会活动的时间组织。

另一方面,尽管空间活动会随着时间而变化,但保持相对的延续性和稳定性也很重要。城市设计不仅是空间上的安排和组织,也与城市管理、城市政策相辅相成。例如为了节假日的活动,许多城市会把行车道路临时改为完全的步行街,但是一条富有活力的商业步行街也会通过固定时间来开放用于行车进货。好的城市设计方案需要允许无法避免的时间流逝。此外,城市社会与环境每时每刻都在变化,城市设计方案也应随着时间的流逝,针对逐渐出现的问题而不断地进行调整。

3.1.1.4　与相关学科的关系

城市设计与其他相关学科有着密切的相互关系。首先,城市设计是从建筑和城市规划学科中分离出来的,和这两门学科有着密切联系,具体表现在城市设计对城市形态、重要建筑布局与设计等方面都需要全面的考虑;其次,城市设计与交通工程等学科也需要相互配合,具体表现在城市设计城市道路与建筑的连接方式、不同交通方式的布置和转换之间都需要综合分析。此外,城市设计必须在社会学、经济学的背景下来考察:一方面,城市设计所强调的场所精神等都具有强烈的社会性;另一方面,城市设计的参与者不仅包括建筑师和规划师,还包括市民、政府、业主等,各方利益的博弈使得城市设计与经济学不可分割。

因此,城市设计方案设计涉及的学科包括经济、技术、社会、环境等多个要素,是一个综合性的内容。

3.1.2　城市设计方案设计的流程

城市设计的方案设计流程包括从策划到实施再到维护的整个过程和内容,同时它可以有不同的划分方法。

1) 依据城市设计方案创作流程划分

城市设计的方案设计比偏重于宏观的城市规划更具体、更易于操作,与相对微观的建筑设计相比其成果则更具弹性,同时与建筑设计的方案设计相比,城市设计的方案设计更注重设计过程。

城市设计方案创作流程主要包括以下几个部分:

（1）分析：分析土地使用功能和外部限制条件，为下一步过程打下基础。

（2）设计：在分析的基础上提炼出设计需求，结合艺术和技术要素具象化设计方案。

（3）评价：在积极吸取各方意见的基础上，评价方案是否满足前期功能分析要求，是否具有可实施性。

2）依据城市设计方案实践流程划分

根据我国城市设计工作的特点，城市设计的实践流程主要分为五个阶段：策划阶段、设计创作阶段、设计评审阶段、实施执行阶段、运作维护阶段，这五个阶段又是在不同层次上循环往复的[62]。

不同的阶段被有意识地整合、平衡和控制，每一个阶段代表一系列复杂的活动。事实上，这一过程并不是线性的，它是循环的、反复的。其中对城市设计方案的评价应该是贯穿始终的，经过评价后每个阶段所暴露出来的缺陷就可以及时得到纠正，上一个循环暴露出来的缺陷可以在下一个循环里得到纠正。

3.2 市郊轨道交通车站核心区城市设计的独特性

市郊轨道交通车站从不同的视角来看，在城市中表现出不同的状态。从空间的角度来说，车站由于其在交通方面所起的重要作用，必然会成为其周边城市空间的中心；而从时间的角度来说，车站承担了郊区城市化的重要职能，车站周边尤其是核心区的发展将是一个持续动态的长期过程，同时由于通勤的潮汐现象，其空间利用也将在工作日表现出急剧的波动，因此相比城市内轨道交通车站，其时间影响因素更为明显。正因为这两个方面的原因，市郊轨道交通影响下的核心区城市设计的方案设计必然会在各个不同方面表现出其与普通城市设计方案设计的不同来。

3.2.1　基本差异

下面将从性质、目标、特点等角度阐述两者之间的区别(表 3-1)。

表 3-1　市郊轨道交通车站核心区城市设计方案设计与一般城市设计方案设计的区别

	一般城市设计方案设计	市郊轨道交通车站核心区城市设计方案设计
性质	涉及所有城市和地区,既有扩充式的城市新区开发,又有集约式的城市中心区的再开发	离城市中心相对较远的郊区,以兼顾扩充式和集约式的核心区开发为主
目标	根据项目的不同,目标也有所不同,新区开发以提高城市空间容量为主,中心区再开发以提高城市空间质量为主	扩充城市空间容量,为城市提供新的高质量的使用空间
项目特征	偏向政策性的、社会性的设计	偏向现实性的、具有可实施性的设计
战略	(1)城市设计的方案是一个总体的步骤,在项目运作过程中逐步成形,具有动态性和多样性;(2)方案设计的关键在于对城市整体社会文化氛围与社会形成与运作机制的充分理解,及在此基础上制定出的完善的管理程序和设计实施导则	(1)城市设计的方案应当是一个整体性的项目,具有指导性和先验性;(2)项目由单一的住宅功能向寻求多功能的混合发展(住宅、办公、商用等);(3)常常伴随大片的农田、工业荒地或街区用途的转变
涉及参与者	(1)政府起主导作用;(2)公众参与正在起着越来越重要的作用	(1)经协调的多方参与;(2)轨道交通建设与运营公司起主导作用
参与方式	投资的主体较为松散,通常以自愿为基础	大量基础设施的新建,需要大量的投资,根据项目的不同,投资的主体也有所不同,但投资的主体都较为集中
面对的问题	(1)项目的时间不定,吸引投资的能力难以落实,往往与项目的位置和时机有关,在很多情况下具有一定的风险;(2)项目持续的时间较长,社会结构的进步往往较慢;(3)城市新区建设往往会面临项目盈利前景不明的问题,中心区再开发的重点则在于拆迁上,需要对拆迁所涉及的人口制定相应的社会和经济政策	(1)轨道交通建设的成本高昂,项目是否盈利很大程度上取决于是否采取了合适的土地开发方案;(2)甲方的组织管理非常复杂,项目是否顺利实施取决于其结成的公共利益伙伴的合作方式;(3)街区的人口增长可能是很突然的,及时地提供完善的基础设施是一个很重要的问题

1) 性质和目标的不同

城市的不断发展必然导致城市空间容量不足,进而造成交通拥挤、土地资源稀缺、环境质量恶化等问题。而从

逻辑上说,提高城市容量的方式有集约式和扩充式两种:

集约式提高是在不改变城市用地空间范围的情况下,通过改变城市的土地结构、空间结构、产业结构,更新城市的内部机能,如采取改善基础设施、提高开发强度、转变空间用途等方式对现有城市资源进行优化,提升城市空间品质、改善环境质量。

扩充式提高通常是扩大城市用地空间范围以获得城市建设用地。多数城市在城市化初期都采用扩充式,但是当城市发展到一定规模时,资源消耗达到极限,继续采用扩充式将造成资源浪费、城市基础设施利用不紧凑、城市空间环境质量下降等问题。

依据设计对象所处的区位,城市设计的方案设计可以划分为新区开发和中心区开发两种类型。新区开发的目标是拓展城市的空间容量,中心区开发的目标则是提高城市的开发强度。市郊轨道交通车站核心区大多位于离城市中心相对较远的郊区,其城市设计以新区开发为主,因此具有扩充式发展的特点。同时土地空间利用会受到"位置级差地租"的法则支配,可达性较好位置也会集中高投入产出的项目,如购物中心、商务中心、市民广场等高集聚场所。市郊轨道交通作为高可达性的城市基础设施,围绕其进行高强度多维度的开发是必然的,因此其又具备了集约式发展的特点。

2) 项目战略与特征的不同

城市开发项目一般周期都比较长,在实施过程中也将不断地对开发方案进行动态调整,因此其城市设计的方案很难从一而终。在项目的每个阶段,都会通过后评价的方式对实际完成效果和实施中发现的问题进行及时纠正。该过程是反复的,包括设计政策和其他指引。根据新的设计目标重新考虑方案,或者下一步的实施措施,并且当新的外部影响因素出现时,还会对设计进行进一步的调整。因此可以说城市设计是一个不断制定政策、调整政策、完善政策的动态过程。同时城市设计与建筑设计不同,它并不是单纯的空间或形体设计,它的目的不是为了创造一个精美的物质形式,而更关注于如何创造出一个有生机的城市空间,如何振兴城市经济并实现政治目标,如何促进城市的永续发展,因此而富有多样性的特点。

从客观上说,市郊轨道交通车站核心区的开发也是一个连续的动态的过程,但是由于轨道交通对人口的集聚作用,市郊轨道交通车站开始运营后,其核心区人口将呈现爆发式增长。因此其核心区的城市设计方案设计比一般城市设计的实施过程要快得多,有些基本上等同于一个大型建筑工程项目。正因为此,市郊轨道交通车站项目基本上必须按照方案的指导和设计来实施,其动态调整的余地较小。同时,作为交通导向城市开发的重要工具,单一轨道交通车站核心区的开发的目标相对单纯。

3)项目涉及的参与者和面对的问题的不同

城市设计包含了物质环境设计和社会系统设计两个层面:作为物质环境设计,城市设计表现为由多阶段所组成的设计求解过程;而作为社会系统设计,它又表现为政治的、经济的、法律的连续决策过程和执行过程。这种"过程属性",使得城市设计更侧重于通过一系列由政府主导的调控体系来对城市物质环境及城市公共空间的建设进行控制和干预。

由于一般城市设计方案实施的长期性,其方案往往由多个项目共同组成,再加上各个项目的设计和建设又往往不同,在项目盈利前景不明的情况下,方案吸引投资的能力往往难以落实,在很多情况下具有一定的风险。此外,城市中心再开发的项目又经常会面临拆迁的问题,而问题解决的关键则在于是否对拆迁所涉及的人口制定了完善的社会和经济政策。

与一般的城市设计方案不同,市郊轨道交通车站在市郊新城处于核心主导地位,其核心区城市设计方案也由市郊轨道交通车站主导。由于轨道交通建设成本高昂,市郊新城的开发又需要及时建设大量的基础设施,这些都需要大量投资,而轨道交通建设以及基础设施的配套必然带来土地开发效益,因此市郊轨道交通车站核心区城市设计的方案设计必须综合土地开发方案才更具有操作性,并能够实现轨道交通建设与城市开发的双赢,呈现良性循环。

3.2.2　特性差异——结合设计

市郊轨道交通车站核心区的城市设计的重点必然是以轨道交通车站为主体,无论轨道交通车站采用何种模式,车站与核心区建筑的结合是其区别于一般城市设计方案的最重要内容。从这层意义上说,市郊轨道交通车站核心区城市设计的方案设计评价重点在于车站与核心区建筑的结合设计评价。而所谓的"结合"实际上是基于城市功能与车站建筑功能相互融合的一种空间重构。

随着城市的集约型发展,单体建筑自给自足的传统模式被打破,建筑与城市的关系不再局限在二维尺度上,通过街道、广场、立体交通等多要素在三维层面上将各个建筑单体联系起来。各个单体建筑之间彼此相互激发,交通与居住、办公、商业、休闲等不同功能相互融合渗透。原先单体建筑的封闭状态被打开,建筑空间积极融入城市空间,原先如街道、广场、公共绿地等城市公共空间开始延伸到了建筑空间中,形成一个超大的城市综合体。

出于成本的因素,市郊轨道交通多采用地上或高架设置,因此其车站空间本身不仅作为城市交通空间。其对于核心区的影响也驱使其核心区建筑的空间自然而然地融入城市空间,车站与核心区建筑有机结合形成一个连续性的城市空间。

以下通过日本东京田园都市线二子玉川站和香港青衣站的开发案例来说明市郊轨道交通车站是如何与其核心区建筑有机结合的。

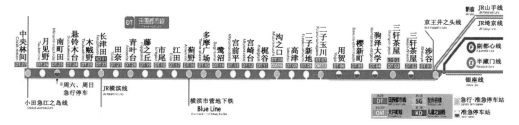

图 3-1　田园都市线运营图

1) 日本东京二子玉川站

20 世纪 60 年代日本经济高速发展,由于经济活动和就业迅速向东京都中心区域集中,造成地价飞涨,市区内房价日趋昂贵。日本东急公司准确预测了东京市区人口密度过大的趋势,计划通过旗下的私铁①线路为引导在东京市郊进行城市开发。1953 年东急公司基于霍华德的"田园都市"概念提出沿田园都市线建设包括二子玉川在内的郊区新城的构想。

田园都市线始于东京涉谷站,终于中央林间站,共 27 个站,总长度 31.5 km,平均站间距 1.2 km,车站服务范围很广,有力地支持了东京多摩地区的开发。

东急田园都市成功的关键在于新城开发与市郊轨道交通建设的一体化,新城的住宅与田园都市线同时建设、同步开通。这种方式使得东急田园都市开发的住宅一开始就具有交通便利的优势,新城人口增长迅速。大量居民使用轨道交通又提高了田园都市线的运营效益,形成良性循环。之后田园都市线通过部分车站的四线化改造,实现了快慢车运营②的模式(图 3-1),从而使东急公司沿田园都市线开发的住宅在与中心区联系的通勤时间上不因距离而产生较大差异,进而缩小土地开发价值的差异。

---

① 私铁为日本私营铁路,主要在大都市郊区运行,联系都市中心与郊区。
② 快慢车为日本轨道交通所特有的模式,类似于我国"大站快运"的公交运营模式,在铁路线路中,通过急行、特快、通勤、普通等不同速度的运营方式,实现城市远郊与近郊通勤时间的无差别化。

20 世纪 80 年代,日本房地产泡沫崩溃,经济发展进入衰退期,此后日本的郊区新城建设基本停滞,以开发为主导的增量建设逐渐转为以再开发为主导的存量更新,田园都市线的二子玉川东地区再开发事业正是基于此背景下提出的。

(1) 二子玉川地区的历史

从江户时代起,二子玉川就是大山街道①在多摩川的渡口。1907 年(明治四十年),玉川电气铁道开通②。1909 年(明治四十二年),玉川游乐园(即后来的二子玉川园的前身)开园后,在多摩川两岸密布着高级料理店和屋形船,并且周围分布着许多名门望族和实业家的别墅,逐渐发展成为东京郊区著名的游乐场地。

第二次世界大战以后,随着二子玉川园的繁荣以及东急田园都市线的开发成功,车站东侧游乐园门前的街道呈现一片繁华的景象。1969 年,玉川高岛屋 SC(购物中心)在车站西侧开业,渐渐形成了著名的商业区。

但是伴随着日本经济的快速发展以及民众对娱乐要求的不断提高,东京周边各地大型游乐园逐渐兴起,二子玉川园的吸引力不断下降,在 1985 年(昭和六十年)关闭后,车站东侧渐渐失去活力,街区内大量年久失修的木造房屋以及狭窄并缺少安全感的街道逐渐凸显弊端,再开发的时机已经成熟。再开发的讨论会于 1982 年(昭和五十七年)举行,1987 年(昭和六十二年)成立筹备组织,2000年(平成十二年)工程的规划方案确定。

(2) 二子玉川地区现状

二子玉川站区域作为东京西面的门户,紧邻日本国道 246 号线与多摩堤路,邻近东名高速出入口与第三京滨玉川出入口,同时由于二子玉川站是东急田园都市线

---

① 国道 246 号及神奈川县道 14 号鹤见沟之口线、横滨市都市计划道路山下长津田线的一部分。

② 田园都市线中涉谷站到沟之口站部分。

与大井町线的交汇站,因此该区域交通功能十分集中,但
是车站周边道路及站前广场等设施却非常落后,交通拥
堵问题非常严重,步行安全也无法保障。而车站周边的
老旧住宅分布密集,也存在较大消防隐患。此外,该区域
所拥有的多摩川与国分寺崖线绿化带等自然景观资源也
未能得到充分利用(图3-2)。

(3) 二子玉川东地区再开发基本情况

① 二子玉川东地区再开发范围及目标

再开发对象的范围包括二子玉川站东口起往东南方
向与多摩川平行的地区,占地约 18.4 hm²。其中约
11.2 hm²是由以东急不动产等为主体的"二子玉川东地
区市街地再开发组合"施行,剩余部分为东京世田谷区主
导建设的城市规划公园预留地。

二子玉川东地区的再开发是东京都内最大规模的民
间再开发案,并基于以下三个规划目标营造安全、安心、舒
适的居住环境与商业街区。

图3-2　二子玉川站区位

目标1:建立复合化的城市以实现新的生活圈

增加区域多样性,适当提高土地的利用强度,改变原先以娱乐及居住为主、功能较为单一的状况,将商业、服务、娱乐、办公、酒店、居住等功能复合化。

目标2:建立地区的交通核心

整顿道路网,改善车站周边的交通拥堵问题;人车分流,设立完善独立的步行系统以保证安全的步行交通环境,同时利用相对宽敞的步行空间作为灾害发生时的疏散通路及紧急避难场地。

目标3:建立与自然环境和谐共生的城市

与国分寺崖线、多摩川等自然环境和谐共生,结合新规划的二子玉川公园,形成"水和绿色的网络"。

② 二子玉川东地区再开发内容

再开发主要内容包括:

Ⅰ街区:车站本体与邻接大楼共3栋商业大楼加上1栋办公大楼。

Ⅱ街区:包括1栋超高层商业大楼与1栋旅馆。

Ⅲ街区:包括3栋高层公寓(最高151 m)。

此外Ⅲ街区东南侧原来属于驾校与高尔夫练习场的土地,将建造以居民休闲为目的、占地达6.3 hm^2 的大规模公园——"二子玉川公园"。

为了实现便捷联系,还将建造一座连接三个街区与二子玉川公园的天桥——"缎带街"(图3-3)。

图3-3 二子玉川东地区再开发一、二期示意图

③ 二子玉川站东地区再开发要点

A. 优化换乘交通

二子玉川站是田园都市线的重要车站之一,所有快慢线车辆都在该站停靠,同时它也是东急公司所经营的两条市郊轨道交通线路——田园都市线与大井町线的换乘站。目前,二子玉川地区的通勤主要以市郊轨道交通为主,接驳公交为辅,在再开发计划中,基于轨道交通对片区的交通系统进行了再组织。

田园都市线的换乘交通包括两部分内容:公共巴士总站以及地下停车场。由于二子玉川站东口周边道路大多狭小,因此再开发方案计划将地块周边的道路拓宽,并在Ⅰ街区与Ⅱ街区之间建造一个以接驳巴士总站为中心的站前交通广场,便于轨道交通乘客换乘公交(图 3-4)。与车站相邻的地下停车场则完全连通构成一个整体,并在交通广场设置了车辆的出入口(图 3-5)。

与我国轨道交通车站集散及换乘交通广场一般设置于车站相邻处的做法不同,二子玉川站的集散广场与交通广场分别设置。集散广场以满足最小安全疏散要求为前提,结合商业大楼入口空间设置;交通广场位于商业大楼另一侧,二者通过位于两栋商业大楼之间的步行自由通路联系。这种方式把换乘流线变成了商业流线的一部分,增加了商业与客流的接触面,从而转化交通客流为商业人流,促进了商业购物行为发生的可能性。

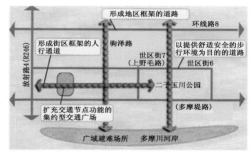

图 3-4　地区的交通核心

图 3-5　交通组织

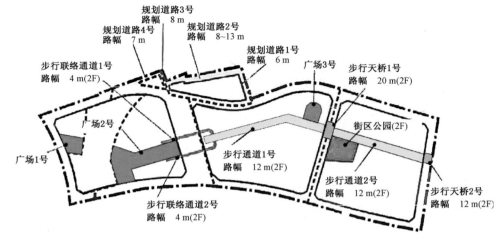

图 3-6　步行流线

B. 优化步行流线

二子玉川站与再开发区域的联系主要依靠一条贯穿东西的步行主轴,由不同功能及不同尺度的广场、站口的自由通路以及步行天桥等共同组成,从而将交通枢纽、两大商业中心高岛屋 SC、二子玉川 Rise Shopping Center 以及二子玉川公园等城市要素连接,使每个街区的人流在不受到车行交通干扰的前提下就可以便捷地与车站进行联系,形成安全快速的立体步行系统(图 3-6)。

C. 优化功能布局

二子玉川站东地区再开发之前,功能较为单一,仅二子玉川公园能够吸引人气,缺乏发展的后续动力。整个东地区用地功能过于分散,商业设施分布不连续,文化、服务设施未能形成完整的城市功能体系,无法带动地区发展。1985 年二子玉川公园闭园后,东地区彻底失去活力,造成发展的无序与迟缓,与西地区形成鲜明对比。

再开发方案计划在二子玉川站周边 500 m 范围内,通过商业、办公、住宅、绿地的圈层化布局(图3-7),形成市郊轨道交通主导的城市综合体。各圈层之间依靠步行系统与车站快速联系(图 3-8)。

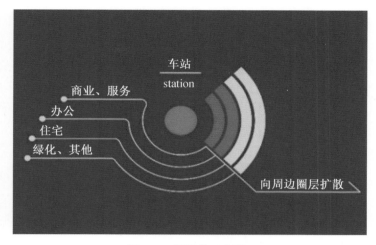

图 3-7 圈层化示意图

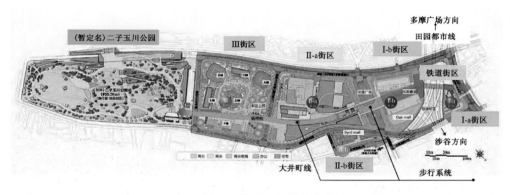

图 3-8 二子玉川再开发街区功能布置图

靠近车站的第一圈层为Ⅰ街区,主要设置服装、杂货、餐厅等商业功能,并配以银行、邮局等服务功能,与轨道交通车站的客运功能相辅相成。轨道交通站厅与商业建筑直接相连,车站内部的附属商业与车站外部的综合体商业相互衔接,形成连续性的商业空间,从而实现车站客流到商业人流的无缝转换。此外,利用天桥衔接新建成的商业中心与车站西侧已有的玉川高岛屋 SC,形成完整的商业圈,商业人流能够互通,形成集聚效应。

第一圈层与第二圈层之间设置交通广场,可以直接为

Ⅰ街区的商业和Ⅱ街区的办公功能服务,而换乘的旅客须通过Ⅰ街区二子玉川 Rise Shopping Center 的风雨商业街廊至此,从而带动沿线商业,创造经济效益。

第二圈层为Ⅱ街区,主要设置办公和酒店功能,以及商店、电影院、健身俱乐部等配套设施,总体上偏向于办公服务型。街区靠近交通广场,出入便利,同时车站的不利环境影响被商业综合体屏蔽,保证良好的办公和酒店环境。而且第二圈层的多样化配套设施可以同时便利地为第一圈层的商业和第三圈层的住宅服务。

第三圈层为Ⅲ街区,主要设置住宅功能,绿化率达30%以上,以贯穿街区的天桥"缎带街(临时名称)"为轴线(图3-9)。东北侧为拥有商业设施的公共区,西南侧为绿化环绕的住宅区,景观规划侧重于与周边环境保持连续性及私密性。

缎带街

图3-9 缎带街

　　由于第一、二圈层的有效屏蔽,住宅区与喧闹的车站和商业中心有较长的缓冲距离,轨道交通的不利影响已经被削弱到最小。快捷的交通、便利的配套设施、优美的自然环境,使得住宅区的价值得以提升到最高。

　　第四圈层为政府主导建设的城市公园,利用原有的二子玉川游乐园的资源进行整合,与多摩川、国分寺崖线等自然环境资源融为一体,共同构筑与自然共生的街区。

　　圈层分布的街区型功能布局,为二子玉川站东地区提供了经济、文化、社会等活动设施和综合服务空间,满足多样化的活动需求,并依托相关功能的辐射效应促使整个片区快速发展,使整个二子玉川区域进入多种城市功能建设开发的良性循环。

　　④ 二子玉川东地区再开发容量控制

　　二子玉川地区的再开发根据功能定位与不同街区的区位条件,对各地块的建筑进行控制,规定建筑密度、建筑高度和容积率(表3-2),以形成富有特色的城市空间。

表3-2　二子玉川东地区配置表

	街区	I-a街区	I-b街区	II-a街区	II-b街区	III街区
设施建筑物	用地面积	约3 000 m²	约13 500 m²	约27 900 m³	约3 500 m²	约25 400 m²
	占地面积	约2 200 m²	约9 800 m²	约21 700 m²	约2 500 m²	约18 400 m²
	总建筑面积 计容面积 容积率	约17 900 m² 约17 900 m² 约600%	约99 200 m² 约88 700 m² 约660%	约168 700 m² 约142 500 m² 约520%	约10 000 m² 约8 000 m² 约240%	约121 300 m² 约94 000 m² 约370%
	高度	中层部分: 50 m	高层部分: 85 m 中层部分1: 60 m 中层部分2: 35 m	高层部分: 140 m 中层部分1: 30 m 低层部分: 20 m	低层部分: 20 m	高层部分1: 155 m 高层部分2: 105 m 低层部分: 25 m
	主要用途	店铺、事务所	店铺、事务所、停车场	店铺、事务所、酒店、停车场	店铺、事务所、停车场	店铺、住宅、停车场

资料来源:二子玉川東地区のまちづくり都市計画の概要

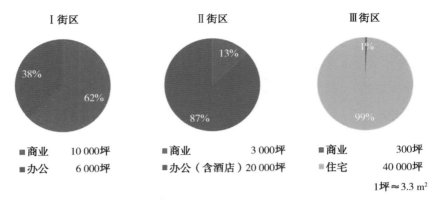

Ⅰ街区 Ⅱ街区 Ⅲ街区

■商业 10 000坪 　　■商业 3 000坪 　　■商业 300坪
■办公 6 000坪 　　■办公（含酒店）20 000坪 　　■住宅 40 000坪

1坪≈3.3 m²

图 3-10　街区功能比例图

靠近车站的Ⅰ街区商业采用高密度、高容积率的紧凑型开发，以求最大力度地利用轨道交通优势，保证商业利益最大化；Ⅱ街区在高强度开发的同时，通过在低层配套商业建筑的屋顶进行大规模绿化，以达到与周边自然环境的协调；Ⅲ街区住宅则采用高容积率、低密度的开发方式，30％以上用地规划为绿地，保证了居住环境的高品质（图 3-10）。

⑤ 二子玉川东地区再开发时序及分期规划

二子玉川东地区再开发工程分为两期，第一期工程约8.1 hm²，第二期约3.1 hm²，此外还有约0.9 hm²被称为"铁道街区"的单体工程，合计建筑面积达43万 m²。

一期的高密度商业设施聚焦于车站西区既存店铺所覆盖的消费群以外的市场，意图提升街区的魅力，也就是与车站西侧的玉川高岛屋 SC 以及其他人气商店街形成共存共荣的综合性商业组团，利用功能重构给区域带来新的发展机遇，恢复城市活力。之后凭借多层商业建筑工期短、收益快的优点，迅速提升区位价值，并且利用临近二子玉川公园的环境优势，高强度开发住宅。

一期开发进入成熟期，区域内的商业客流量达到一定程度后，在原先商业和住宅之间预留的空地进行二期建设，主要是商务办公和酒店的开发（图 3-11）。这种做法的目的是通过一期商业和住宅开发所获得的收益加速资金回笼,用于二期再开发,确保资金周转的流畅性。并且通过一期人气的聚集,优化后续开发地块,保证二期办公功能的出租或出售价格,从而达到利益最大化(图 3-12)。同时,也是基于及时调整开发策略的目的,如果一期开发之后由于宏观经济导致办公、酒店地产发展不利,也可以比较容易地变更开发功能,增补二期原定规划中所没有的大型商业等功能,来弥补前期规划、设计的缺陷,完善再开发区域的环境和服务,提升商品房及再开发区整体建筑品质,实现楼盘价值的升级。

2)香港青衣站

青衣站(Tsing Yi Station),1988 年 6 月启用,服务青

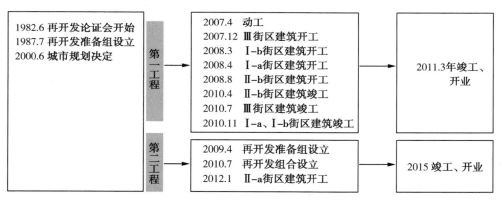

图 3-11　二子玉川再开发工程计划表

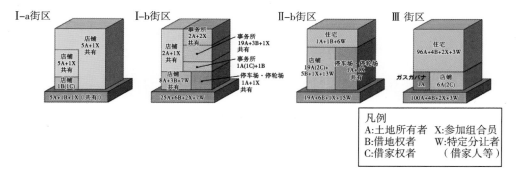

图 3-12　二子玉川东地区一期再开发权属示意图

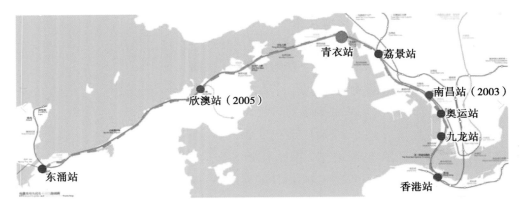

图 3-13　青衣站区位图

衣岛上 20 万居民。青衣站是青衣岛唯一的铁路车站及两线转车站(图 3-13),更是整个青衣岛以及整个葵青区唯一可供新界的士驶入的地方。青衣岛,是香港新界葵涌对面的一个岛屿,属于 18 区之中的葵青区,面积 10.69 km²,是香港第五大岛屿。

20 世纪 80 年代青衣地区还不发达,青衣站以及其上盖物业青衣城、盈翠半岛的开发建设,推动了整个地区的发展,逐步发展为集交通、商业、高品质住宅为一体的大型城市综合体[45]。

市中心大致位于青衣东北面,区内重要的公共设施、商场、交通设施都集中在这里,如围绕着青衣站与青衣城建有青衣公园、青衣海滨公园、青衣公共图书馆、青衣综合大楼、青衣运动场、青衣渡轮码头以及几个巴士总站等。青衣站的建设带动了城市综合体的形成,从卫星图上可以清晰地看出,青衣岛南部分布着码头和商业区,但住宅区面积很小,几乎只有配套建设。青衣岛上大部分的新建住宅都分布在北侧,靠近青衣站的位置(图 3-14)。

青衣站最初以海洋为设计的概念主题,依山而建,共有六层,占地面积 4.6 万 m²,建筑面积共 30 万 m²。青衣站巴士总站(图 3-15)与青衣地铁站在二层通过天桥连接,步行距离约为 50 m。

图 3-14　青衣岛功能布置图

图 3-15　青衣巴士总站

青衣站的设计上，有多条路径可以到达车站。乘坐巴士的人群可以通过自动扶梯到达青衣城大厅，通过一层或二层均可以到达车站的月台。盈翠半岛的居民可以通过升降电梯到达青衣城。对面的住户、办公楼里的上班族可以通过封闭的天桥直接进入青衣城内的多个楼层。青衣站交通流方便，每层都像地面层（图 3-16）。

由图 3-17 可以看出，以青衣站为中心周边 500 m 内（表 3-3），主要以居住区为主，还有一个大型的城市公园与运动场地。其功能结构为以青衣站为中心，形成了六个居住组团与一个公园片区。六个居住组团分别为：盈翠半岛组团、灏景湾组团、青逸轩组团、长安邨组团、青衣村组团、宏福花园组团，公园为青怡花园。其道路结构为，有两条主要道路对外联系，分别为轨道交通东涌线以及青荃路，一条环路解决青衣站周边对内交通，将六个组团联系起来，为青敬路。其景观结构为以两个大型市民公园结合开阔的青衣运动场为主，以小区内建筑围合绿地与街头绿地为辅，营造良好的居住生活环境。两个大型市民公园为青怡花园和沿海边带状设计的青衣公园，街头绿地有牙鹰洲花园、青敬路花园等，此外，香港的居住区充分利用立体空间，基本都设有大量的屋顶绿化，屋顶绿化一般只对居住区内部的居民开放，有较强的私密性。

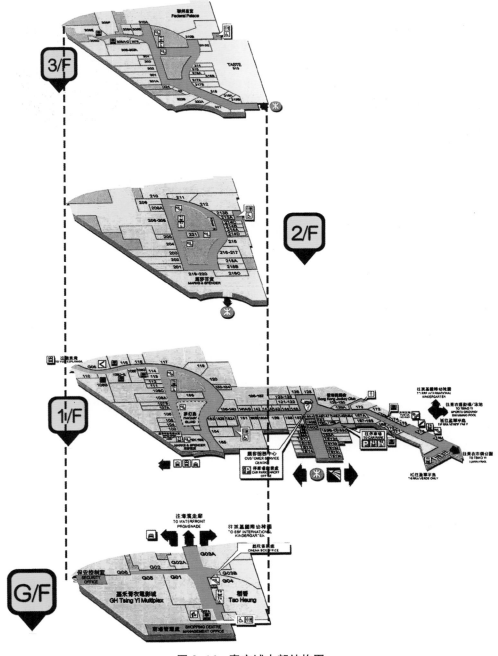

图 3-16　青衣城内部结构图

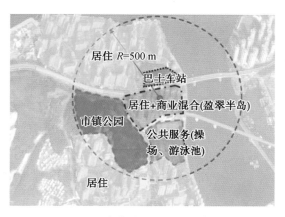

图 3-17　青衣站周边 500m 功能图

表 3-3　青衣站周边功能分析

名称	基本信息		区位图	500 m 范围分布图	
青衣站	所属线路:东涌线 启用时间:1998 年 6 月 22 日 车站形式:高架站 区位关系:位于香港葵青区青衣岛 车站主体（含广场）占地面积: 6.7 hm²		青衣岛　九龙区　香港岛	功能结构	
	居住区功能设定		总平面	道路交通	
分类	面积	位置关系			
住宅用地	46.9 hm²	与车站直接相连,或通过天桥衔接相连,并接近绿化环境			
商业	4.8 hm²	除青衣城和灏景湾广场外,其他均为分布在住宅下的底商			
医疗卫生	—	均为卫生所或私人诊所,分布在住宅底层,多与底商相邻		景观分析	
文化体育	6.0 hm²	与车站、公园相邻,布局于住宅之中	图例: ■ 公园绿地　□ 居住用地 ■ 商业/商住用地　■ 行政办公用地 ■ 公服设施用地　■ 城市主干路 ▦ 轨道交通线路　■ 支路 ▦ 城市次干路　✷ 主要景观节点 ◉ 次要景观节点　● 站点位置		
绿地	14.1 hm²	住宅内均有渗透,绿地公园布置在地铁沿线,靠近道路与居住区			

根据上述分析,青衣站是商业主导型车站,其建设目标是服务青衣岛上 20 万居民,建设连接机场与中心城区的大型购物中心。车站周边 500 m 内有盈翠半岛、灏景湾、长安邨、青逸轩等居住区。其中,盈翠半岛与青衣站为复合式衔接,其他居住区与青衣城均为并联式衔接。

(1) 总体设计原则分析

在所有居住区中,住宅占地 46.9 hm²,占居住区总用地的 65.3%;商业占地4.8 hm²,占总用地的 6.7%;文化体育占地 6.0 hm²,占总用地的 8.4%;绿地占地14.1 hm²,占总用地的 19.6%。

功能组织:住宅主要是以 10 栋以上的超高层建筑为主,基本上是将几栋住宅楼围合起来,形成一个或两个公共空间。商业一般与车站结合设计,形成建筑综合体,有多个出入口,便于疏散和集中人流,二层以上出入口处大都有天桥与附近住宅相连接。

交通组织:车站与城市的衔接主要是依靠步行来完成的,因而有全面的步行系统,如地下通道,地面的人行道、广场,地上的行人天桥、商业街等。香港的小区集约式发展,基本上都是开放的,小区的居民可以通过广场、人行道或者行人天桥直接进入到所居住的单元楼内。这种设计方法广泛运用于市郊轨道交通周边的居住区内。而与车站一体化的居住区,可以直接通过地下通道、天桥等进入住宅。车行系统作为步行系统的补充,最重要的功能就是停车功能。车站与周边居住区综合体的地下停车库基本上是综合开发的,连成一体,十分便利,同时可以共享公共服务设施。车行系统与外界道路的连接有两种形式,机动车辆直接从二层进入居住区域的为平面衔接。道路交叉口的设计按道路的性质来定,车辆速度较快的主干路上不宜设置出入口。如果有特殊情况的,需要配置一个较大的缓冲区。出入口以立体交叉的形式与城市道路衔接的就是立体衔接方式[46]。

绿化组织:在车站旁边布置公园,是香港提升生活环境质量的常用手法,结合建筑围合空间布置绿化与健身器材,并充分利用屋顶绿化,营造良好的生态环境。

(2)盈翠半岛城市综合体分析

盈翠半岛是青衣站地铁上盖的一个地产项目,车站上为三层商业,商业上盖住宅(图3-18)。盈翠半岛是私人大型屋苑,分为2期,北面邻近巴士总站及小巴站,交通十分便利。盈翠半岛由 Wong Tung Partners Ltd. 设计,设计时间为1999年,共有12幢住宅,单位总数共3 500多个。盈翠半岛是现代集约型居住综合体,它以居住功能为主,也包含很多其他的功能。复杂的功能系统是重要的特征。与以往居住区在二维平面上的展开不同,它的功能水平与竖直同时排布,达到了良好的效果,满足人们在有限空间中的多样需求。

① 功能组织

盈翠半岛与青衣站通过两部电梯相连。由于受到居住区用地规模的限制,其内部没有学校等教育设施,需要与其他居住区共用,距离较近的闽桥第二小学不到200 m,十分方便,并尽量利用屋顶空间,增加绿化与运动场地。此外,娱乐功能丰富,室内运动场、保龄球场等设施设置在居民的会所当中,供居民娱乐。

图3-18 盈翠半岛平面与透视模型

图 3-19　青衣城与居住区连接天桥

② 交通组织

盈翠半岛位于青衣站的上层,与外界主要通过步行来联系,通过青衣城的商业街来完成。住在此地的居民下了地铁以后,穿过青衣城的商业街,到达升降电梯,通过升降电梯到达居住区内住宅围合的空中花园处,再由花园内的路径到达所居住的单元(图 3-19)。盈翠半岛的对外交通衔接是立体化的,青荃路与青敬路的交叉口处设置了一圆形立体交通核,车辆利用它到达居民日常活动的楼层。

3.2.3　市郊轨道交通车站核心区城市设计典型方案

基于我国目前的快速发展现状,市郊轨道交通尤其是车站采用地面敷设方式不利于轨道交通线路两侧城市空间的联系,因此应该优先采用高架敷设模式。根据轨道交通线路与城市干道的关系,分为路中高架式和路侧高架式两种类型。总结国内外的案例,市郊轨道交通车站核心区城市设计的典型方案分别根据路中高架式和路侧高架式进行分类。

3.2.3.1　路中高架式

路中高架式的最大特点就是站厅一般设置于高架的二层,并通过天桥与两侧的城市空间联系,相对来说路中高架式利用了两侧的城市道路作为缓冲,从而相比路侧式高架减少了需要的缓冲距离,节省了用地。

1) 模式一:商业购物中心与衔接天桥直接联系,购物中心沿城市干道设置广场作为公交、购物中心及停车场的共用人流集散中心(图3-20)。该类型是最常见的路中式高架站两侧的城市设计方案,由于集散广场的设置,使得商业购物中心形象较好,但是从车站到商业的人流与公交及停车换乘人流汇聚,使得天桥的人流量不均衡,尤其是并流处极易形成"肠梗阻"。

2)模式二:商业购物中心与衔接天桥相连,在非城市干道的内侧设置集散广场,公交站及停车场设置于商业购物中心内侧(图3-21)。其优点是商业购物中心人流能够更快捷地联系轨道车站,而公交及停车换乘人流穿越商业中心,增加了商业机会。但是如果换乘量较大,就有可能导致衔接通道的拥塞,反而降低了商业购物的空间品质。在日本为了充分利用土地价值并最大化地吸引换乘人流转化为商业购物人流,也有把与车站衔接的天桥直接扩宽,形成一个高架于城市干道上空的广场(图3-22),从而解决换乘能力不足的问题。

3.2.3.2 路侧高架式

路侧高架式的特点是站厅一般设置于地面层,因此一

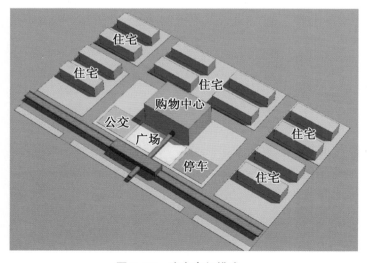

图 3-20 路中高架模式一

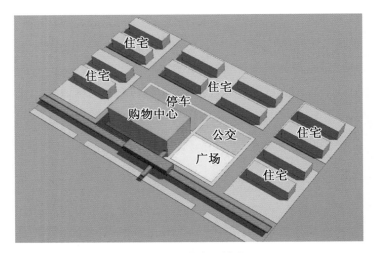

图 3-21　路中高架模式二

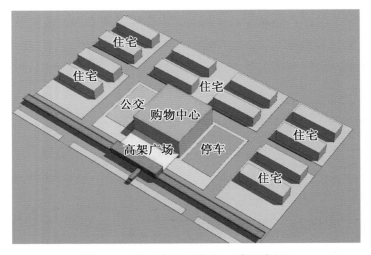

图 3-22　路中高架式模式二（高架广场）

般在车站相邻处设置一站前广场作为交通集散用。为了避免对城市干道的干扰,站前广场一般设置于与城市干道相反的车站另一侧,站前广场前设置城市支路作为公交站及换乘停车场的出入口。在城市干道上方与车站垂直设置过街天桥或地下通道等过街设施,从而方便城市干道另一侧的住区与车站的联系。

1) 模式一:该模式的主要特点是公交站和停车场紧贴车站设置,从而减小换乘距离,商业设置于站前广场周边(图 3-23)。该模式适用于以居住为主导的一般市郊轨道交通车站,车站附近不设置大型商业购物中心,车站以满足公交换乘以及停车换乘为主。为了满足城市发展的需要,该类型应在车站周边预留大型商业购物中心的建设用地。

2) 模式二:该模式的主要特点是公交站和停车场并不紧邻车站设置,与车站相邻的是多个大型商业购物中心共同组成的商业综合体(图 3-24)。通过步行街之类的衔接通道与停车场或公交站衔接,从而减小换乘交通对车站的干扰,并促成换乘交通人流转化为商业购物人流。有些综合开发甚至把步行街一直延伸到居住区,与城市干道相连接的过街天桥也与商业购物中心直接相连,甚至干道两侧形成一个商业共同体,从而使商业全方位与轨道交通车站联系,实现商业开发效益最大化。

(3) 模式三:与模式二的横向发展不同之处在于其主要采用体衔接模式,把商业与车站捆绑,并在垂直方向上进行综合开发(图 3-25)。该类型商业效益最大化,建设费用最高,不便于分期建设,适用于土地价值较为昂贵的城市近郊。

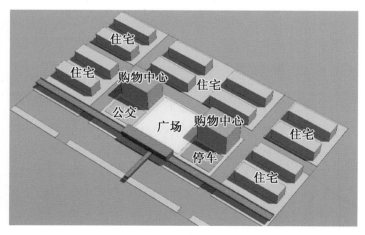

图 3-23　路侧高架式模式一

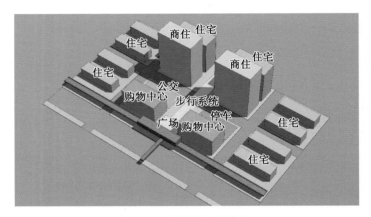

图 3-24　路侧高架式模式二

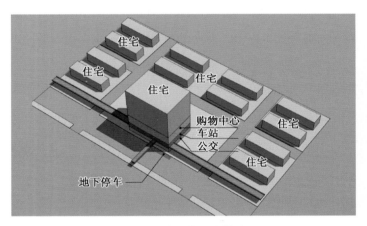

图 3-25　路侧高架式模式三

3.3　本章小结

　　本章论述了城市设计方案设计的相关定义,并详细阐述了城市设计方案设计的流程,进而通过分析市郊轨道交通车站核心区城市设计的独特性,探究其与一般城市设计方案设计的差异,尤其是其作为市郊车站的特性差异,即车站与核心区城市功能的结合。最后总结市郊轨道交通核心区城市设计的典型方案。

第 4 章　市郊轨道交通车站核心区城市设计的方案评价

4.1　城市设计的方案评价

4.1.1　概念

城市设计的方案评价来源于城市规划的评估方式,即规划方案评价。在 20 世纪 70 年代早期,林奇菲尔德(Lichfield)等人提出规划方案分析评估(Plan Testing and Evaluation),即针对不同的规划方案实施的效果进行预估后,选取出实施效果最佳方案的过程。尼格尔·泰勒认为"规划评估"是规划方案设计的一部分,在城市规划方案设计的过程中应当不断权衡不同的规划手段实施后的影响进而选取最合理的手段[63]。E. 塔伦(E. Talen)则提出了备选方案的评价(Evaluation of Alternative Plans),通过数学模型模拟(如投资收益、社会预期、环境影响等)评估方案中各备选方案的优劣,进而选取出最优解[64]。

通过对规划评价范围的横切和评价时序上的纵切,可以获得城市设计评价的明确概念——根据城市设计的目标,通过预测可能带来的影响,在城市设计方案采纳或实施前进行的综合判断。

实际上,城市设计方案评价的内涵已逐步从静态的设计评论逐步向动态的实施效果、反馈评估、政策修订等方向改变。城市设计方案评价的内涵大致可以概括为三种:

1) 作为设计的检验:约翰·赛萨尔认为所有的设计活动(包括城市设计)都遵循着相同的过程,即"设计发展螺旋"[65](图 4-1)。以往的城市设计观点认为城市设计方案是一个一经设计就不再改变的"最终产品"(end-product)的概念,而在现代城市设计理解中,城市设计不再是"最终产品",而应被视为一个螺旋前进的过程。城市设计的整个生命过程是动态发展的:在设计阶段,一个初始的概念经过不断的评价——修改更新的过程,逐步形成成熟方案;在实施阶段,方案的实施会不断地经过实施——经评价发现问题——修改方案解决问题的过程。

2) 作为公共决策的评估:从某种意义上来说,城市设计的本质是公共政策,因为其具备公共政策政府主导,对社会价值进行明确的分配的特点。因此,城市设计的方案也应像普通公共政策一样接受社会、专家和大众的监督。从这个角度来看,城市设计的方案评价也可以视为对公共政策的评估。

3) 作为假想形成的修订:美国学者埃德蒙·N. 培根在其著作《城市设计》中指出,城市设计方案作为一种假想,必须针对使用者的评价做出针对性的应对、修订漏洞、完善漏洞。最终完善的方案不应是设计师单纯的想

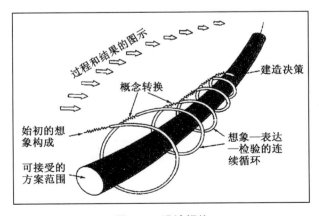

图 4-1　设计螺旋

象或使用者自行的搭建，而应是两者不断交流碰撞，最终意见融合达成共识的结果。

4.1.2　评价方法

城市设计的评价主要沿用城市规划的评价方法。其评价标准、权重、时间范围等内容如何界定是评价的关键。目前，城市设计常用的评价方法主要包括成本收益法（CBA）、环境影响分析（EIA）、社区影响分析/评价（CIA/CIE）、政策—规划/程序计划—运用实施—过程（PPIP）以及层次分析法（AHP）等。

1）成本收益法（CBA）

成本收益法是以最小的成本获得最大的收益为目标，主要用于政府部门对大型市政工程项目的计划决策。

其基本原理是：确定建设目标，提出一系列解决方案，运用一定的技术方法，详细列出所有方案的全部预期成本和全部预期效益，通过比较方法，并依据一定的原则，放弃社会边际成本超过边际效益的方案，确定其优先顺序，并选择出最优决策方案。简单地说，就是如果一个财政项目收益大于成本，那么该项目就是可行的。这样投资者能够更直观地了解自己的投资行为可能产生的结果，从而为投资提供决策依据。它适用于效益可以用货币计算的财政支出项目，特别是在政府投资的大型工程项目中广泛应用。

法国经济学家杜普伊斯（M. Dupuis）于 1844 年首次明确阐述成本收益分析原理。这种分析方法的目的是确保公共投资的分配，可以最大限度地提高社会的整体利益。事实上，CBA 方法是根据市场原则对公共部门和私营部门的潜在收益的等同考虑。

首个在大型公共投资项目分析中使用 CBA 方法的是由美国的"罗斯福新政"中实行《洪水控制法案》（Flood Control Act）的公共工程项目如大坝等防洪规划工程项目的评价（1936）。自那时起，成本效益法在公共项目规划和投资决策评价中得到了越来越广泛的应用。尽管从"金钱"角度评价总体社会价值 CBA 方法是一个有用的工具,然而,它忽略了社会分配的影响,就是谁受益、谁支付的问题,以及在分配公平性方面的影响。在城市规划方面,CBA 忽视了在资源配置方面规划的公平和社会的影响。因此,从广义上说,在社会经济影响评价上 CBA 存在缺陷。然而,CBA 的最大优势是可以提供给决策者比较科学的、定量的评价公用事业的整体社会价值的重要思路和方法,从而对是否在项目中投入公共资源做出决策。

2) 环境影响分析(EIA)

世界上第一个环境影响评价是在 1964 年加拿大举行的环境质量评价会议上提出的。其对规划和建设项目实施后可能产生的环境影响进行分析、预测和评估,并提出了预防或减轻不利影响的政策措施。对于交通项目的环境评价,主要是对自然环境的各个要素(如空气、噪声、振动等)进行分析评价,它只是从各个侧面对某一客观属性的环境因素进行评价,而不是从系统和整体的交通环境做出评价,其存在明显不足。随着社会的发展,传统的交通环境评价已经不能适应社会发展的需要。

3) 社区影响分析/评价(CIA/CIE)

CIE 发展最重要的影响是城市规划理念的更新和发展。它没有过于注重实证科学分析的作用,而是强调了一个更具互动性的规划评价范式。这意味着,评价方法应该是互动的结果,而不仅仅只是一个简单的分析工具。这实际上是规划和评价的范式的变化。在 CIE 的创始人林奇菲尔德看来,评价不仅是在规划过程中的特定阶段,而是规划特定的发展和控制的相互作用过程(1996)。

简单来说,CIE 就是通过分析新的政策或发展可能导致的空间变化,分析这些变化和产生这些变化所带来的影响,包括空间分配的资源和服务的利润或损失以及随后的

影响分析和评价。通过利益相关者、参与者对这些影响的
评价，以找出不同的解决方案。通过对这些方案的比较和
评价，找出对利益相关者的偏好和理解，最终由决策者确
定最满意的解决方案并实施、检查和监督，最后将实施结
果反馈给政策制定和决策领域。

4）政策—规划/程序计划—运用实施—过程（PPIP）

政策规划实施评价（Policy-plan/Programme-Imple-
mentation-Process）这一评价体系否定了结果决定一切的
模式，强调规划过程中要做出合理的评价。政策、计划、项
目、方案、可操作的决议、实施、实施效果及影响等因素必
须进行综合考虑，然后分别从规划实施的五个方面：一致
性、合理性、事前优化、事后最优、实用性等进行综合评价。
PPIP比传统的规划评价方法要复杂耗时得多，但也更实
际更深入，其适用于综合评价实施结果和实施过程。

5）层次分析法（AHP）

层次分析法（Analytic Hierarchy Process）是将与决策
有关的元素分解成目标、准则、方案等层次，在此基础之
上进行定性和定量分析的决策方法。该方法是美国运筹
学家匹茨堡大学教授萨蒂于20世纪70年代初，在为美
国国防部研究"根据各个工业部门对国家福利的贡献大
小而进行电力分配"课题时，应用网络系统理论和多目标
综合评价方法，提出的一种层次权重决策分析方法。层
次分析法是将决策问题按总目标、各层子目标、评价准则
直至具体的备选方案的顺序分解为不同的层次结构，然
后使用求解判断矩阵特征向量的办法，求得每一层次的
各元素对上一层次某元素的优先权重，最后用再加权的
方法递阶归并各备选方案对总目标的最终权重，此最终
权重最大者即为最优方案。这里所谓"优先权重"是一种
相对的量度，它表明各备选方案在某一特点的评价准则
或子目标、子目标下优越程度的相对量度，以及各子目标
对上一层目标而言重要程度的相对量度。层次分析法比

较适合于具有分层交错评价指标的目标系统,而且目标值又难以定量描述的决策问题。其用法是构造判断矩阵,求出其最大特征值,其所对应的特征向量 W 归一化后,即为某一层次指标对于上一层次某相关指标的相对重要性权值。

4.2 市郊轨道交通车站核心区城市设计的方案评价

4.2.1 评价对象及评价目标

4.2.1.1 评价对象

市郊轨道交通车站核心区城市设计的方案评价必须区别于一般的城市设计方案,基于本书前述的独特性,可以判断市郊轨道交通车站核心区城市设计的方案评价其重点在于"结合评价",根据城市设计的要素特征,可以进一步细化为以下几个要素。

1)功能定位评价

不同功能定位会影响轨道交通车站核心区的综合开发模式,采用交通主导型、商业主导型或者居住主导型都基于上位规划,尤其是城市总体规划明确的市郊车站所处的区位和城市发展战略,车站土地开发范围、开发强度、开发内容都必然取决于其功能定位。

2)总体布局评价

总体布局是基于功能定位之后对核心区土地利用的总体布置。由于市郊车站集集约开发与扩充开发于一体,并需要在短时间之内迅速聚拢人气,从而引导市郊新城开发,因此总体布局需要对土地进行综合利用,尤其是基于时间和空间两个变量对车站核心区内土地功能的合理安排,从而避免可能导致的车站核心区土地资源浪费或者土地资源紧张等极端问题。

3)形态组合评价

车站核心区的建筑形态组合不仅与功能有关,也与环境影响、城市意象息息相关,由于市郊轨道交通车站的噪声、震动等环境不利影响,利用建筑作为屏蔽是形态组合当中的重要手段。此外,从国内外案例来看,通过建筑组合形成的步行街区是合理引导人流、进行商业开发的有利手段。

4) 空间尺度评价

合理的空间尺度才可能创造富有活力的城市空间,过于拥挤或者过于宽松都会降低空间活力。传统建筑学基于心理学和美学而提出街区空间高宽比(两侧建筑高度与街道宽度的比值)的合理空间尺度,而对于轨道交通车站核心区而言,人流量是一个重要指标。过度拥挤的人流不仅存在安全隐患,也必然导致行走的舒适度,导致商业价值的缺失;而过于稀松的人流也会造成不必要的浪费,同时降低了街区空间的活力。

5) 衔接设计评价

无论是线衔接、面衔接还是体衔接都需要根据车站的功能定位、开发强度、建筑组合等诸多要素进行灵活采用。衔接设计是市郊轨道交通车站核心区城市设计最重要的内容之一,也是其区别于一般城市设计的最显著特点。衔接设计必须基于对车站各种人流交通的综合规划和梳理,这是土地综合开发、集约利用的关键。

4.2.1.2　评价目标

市郊轨道交通车站核心区的城市设计方案评价的终极目标并不是以追求单一的"最佳方案"为准则,但是由于市郊轨道交通车站核心区的开发与一般城市设计方案在开发周期上的不同,又需要在开发前期比选出相对优秀的方案,从而能够避免开发周期中过大的修正。基于此,市郊轨道交通车站核心区的城市设计方案评价应该是兼顾长期与近期、弹性与限制,社会效益与经济效益并存,以最小的资源或资金为代价,实现最大的效率。

4.2.2 与一般城市设计方案评价的对比

无论是何种评价,都需要共同涉及以下几个问题:(1)评价标准;(2)评价方法;(3)评价的时间范围;(4)在评价中需要考虑的利益选择。

基于市郊轨道交通车站核心区城市设计的独特性,首先需要分析其与一般城市设计方案在评价上的侧重点有何异同。

4.2.2.1 评价标准的选择

在何种情况下采用何种布局模式、何种衔接方案,对于车站及其周边城市空间都具有较大影响,因此城市设计对于轨道交通车站与城市空间的融合具有决定性的意义,建立具有适用性和针对性的评价标准是解决上述问题的关键,建构合适的评价体系有利于在交通类型的建筑研究中增补定量部分,从而使其更富科学性。

我国城市规划的评价一直存在着理论研究和实践的脱节问题。而城市设计作为城市规划关注实体空间的重要内容,选取客观理性的评价方面的重要性远甚于针对设计构想、艺术表达等主观方面的评价。有的学者认为:"随着社会多元价值的取向,纯粹的技术性评价确有闭门造车之嫌,而强调民主过程的价值评价缺乏形象直观的成果,往往容易陷入众说纷纭的误区,我们仍旧需要寻求社会价值理想空间的存在,必须将技术评价与价值评价相结合。在价值评价方面,对具有社会共识的价值部分应充分发挥专家的权威引导作用,对于存在争议的价值部分,只有引入利益相关者的评价,才能发挥城市设计解决实际问题的能力"[66]。假如"一份列表(评价指标体系)如果要适用于所有项目和不同的环境条件,就必然过于庞大和繁琐,而且因为包含的资料太过广泛而不能充分说明问题。因此,必须根据特定的项目制定适用的列表,才能保证列表的有效性"[67]。在实际运用中,众多学者却认为,评价标准既有客观性或普遍性,也有特殊性,因各个国家、各个时期的具体条件而异,且在一定程度上受到规划师、建筑师主观意念和价值取向的作用[68]。我们应该看到的是在我国未来十年高速发展的轨道交通建设现实下,采用技术评价方式,即费用、面积、建筑容积、标准规划的遵守、可更改性等可以比较的内容作为主要标准是比较现实可操作的,更具有现实意义。

4.2.2.2　评价方法的选择

目前,通常的城市设计方案的评价主要采用组织专家评分的方式,一般由评价委托方组织评价团体,由评价实施方来执行具体评价流程。评价团体的成员一般包括:管理部门(一般由规划主管部门成员)、设计专家(城市设计领域的权威)、公众代表(由利益相关方形成的市民代表、开发商等)。成员比例、任务分工、工作模式等都应满足评价的科学性、公平性、有效性,借此搭起政府与市民沟通的桥梁。近些年来,为了更客观、更准确地实施评价,也有采用层次分析法的方式,但是总的来说存在着一定的操作难度,主要缺点一是定性成分多、定量数据较少,不易令人信服,二是指标过多、数据量大、权重不易确定。市郊轨道交通车站核心区由于综合多种功能,规模一般较大,往往呈现巨型尺度,同时其又包含了轨道交通车站及线路建设以及两侧的土地利用与开发,涉及地下、地面、地上多维空间的相互协调,需要政府、开发商、轨道运营商等多元主体的支持与配合。多种群体利益的交错使得轨道交通车站核心区的城市设计方案在管理和实施上存在极大困难,急需一种能够从经济价值上来对其进行评价的方法。

根据国内外大型政府工程项目普遍采用成本效益法作为开发方案的评价方法的规律,本书也将选择成本效益法(CBA)作为市郊轨道交通车站核心区城市设计方案的评价准则。原因是就方案的项目评价而言,CBA 法可以显示出单一项目对于社会经济共同体的长期效应。

现行的成本效益分析主要有三种方法。

1) 净现值收益法（NPV）

净现值收益法是利用净现金效益量的总现值与净现金投资量之差算出净收益,然后根据净收益的大小来评价投资方案。

2) 效益—费用比（B/C）

效益—费用比是指某一方案未来现金流入的现值与现金流出的现值之比,反映单位投资现值所获得的收益。

3) 内部收益率（EIRR）

内部收益率,指能够使未来现金流入量现值等于未来现金流出量的贴现率,即使方案净现值为零的贴现率。

三种方法各有优缺点,适用性不同。一般来说,净现值是绝对数指标,可以反映投资效益;效益—费用比是相对数指标,反映投资效率;内部收益率表示方案在保本时所适用的折现率,它与方案本身价值相关,但不能直接准确表达[69],且过分偏好于短期效益好、收益快的项目[70],在经济分析中一般不用内部收益率指标。

相对而言,市郊轨道交通车站核心区的城市设计方案的评价采用净现值收益法更为适合,因为其可以表示在一定的资金成本下方案的价值增益,能够直观评价出方案是否能够满足效益最大化目标。

4.2.2.3　评价时间范围的确定

一般城市设计的方案与其对应的城市规划相关,区域—城市级的规划对应的城市设计方案其评价时间范围需要综合考虑近期与远期,通常以近期 5 年,远期 20 年为界,而分区规划则是以 5～10 年为界,地段级城市设计一般以 5 年为界。

城市轨道交通主导的新城开发通常属于分区规划的范畴,而轨道车站核心区的开发甚至可以列入地段级的城市设计范畴,按道理其评价的时间范围一般应在 5 年左右。但是由于轨道交通的特殊性,其主导的新城开发对于市郊轨道交通车站的人流影响巨大,通常在新城开发的头

5 年,主要还处于基础设施的建设与完善时期。即使能够做到轨道交通建设与新城建设同步,也很难在 5 年内实现稳定的人口增加以及随之带来的轨道客流。因此合理的评价时间范围应该与新城的分区规划时间相对应,即 10 年左右。

4.2.2.4　评价中的利益选择

一般的城市设计方案必须综合考虑多方面的利益,例如在历史街区的城市设计方案必须综合考虑历史街区保护与开发利益的平衡,在旧城更新区域需要考虑原住民生活的改善与城市更新投入的平衡等。客观上来说,几乎所有的市政开发项目都涉及社会效益与经济效益的平衡,但是从城市扩张发展这一大前提来看,轨道交通主导的市郊新城开发在我国目前城镇化背景下一般是符合社会效益的,因此关注点主要在于经济效益。那么在市郊轨道交通车站核心区城市设计方案评价的利益选择主要是以经济效益为先导。

4.3　市郊轨道交通车站核心区城市设计方案评价体系的建构

本书基于我国目前城市设计方案评价体系,在以专家评价为主的基础上,提出了以技术性评价为主的增加性内容,从而弥补目前专家评价中定性偏多、量化不足的问题。

基于市郊轨道交通车站以"结合"设计为主要特征,本书采用成本效益法,侧重于评价"结合设计",建构了全成本全效益评价体系,如图 4-2 所示。

4.3.1　建设成本评价

4.3.1.1　土建成本的计算

市郊轨道交通车站与其核心区内建筑结合时,土建工程必不可少,包括衔接设施本身的建设以及衔接设施与建筑结合的改造等内容。此外,核心区配套设施的建设还会占用一定的城市用地。因此市郊轨道交通核心区的土建

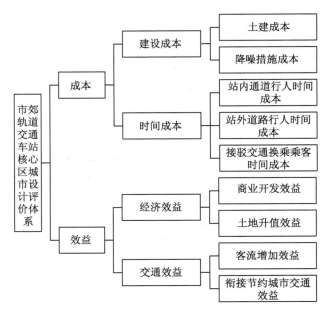

图 4-2 市郊轨道交通车站核心区城市设计评价体系

成本具体分为衔接设施建设的工程成本与土地成本两部分。

1）衔接建设成本

衔接设施的造价包括人行通道建设成本、内部辅助设备成本。

衔接建设的成本为：

$$C_{\text{工程}} = C_{\text{衔接}}^i \sum S_i + C_{\text{设备}}^j \sum L_j$$

式中：

$C_{\text{工程}}$——衔接建设的工程成本，万元；

$C_{\text{衔接}}^i$——衔接设施 i 的土建造价指标，万元/m²；

S_i——衔接设施 i 的面积，m²；

L_j——内部辅助设备 j 的建设长度，m；

$C_{\text{设备}}^j$——内部辅助设备的平均单价，万元/m。

2）衔接土地成本

衔接设施的土地成本包括已有建筑土地的拆迁成本

和所有用地的用地成本两部分。

针对不同的具体情况,拆迁成本会有很大的差异,而且很难量化。但是考虑到在同一车站范围内拆迁单价是一样的,不同的只是拆迁面积,所以可以用某一区域范围内的平均拆迁成本作为拆迁单价,通过计算拆迁面积得出衔接设施建设产生的拆迁成本。

与拆迁成本一样,用地成本可以用一个区域范围内的土地均价作为用地价格,通过计算用地面积得出衔接设施建设产生的用地成本,即拆迁和用地成本计算:

$$C_{土地} = \sum C_{拆迁}^{i} a_{拆迁}^{i} + \sum C_{用地}^{i} a_{用地}^{i}$$

式中:

$C_{土地}$——车站核心区拆迁成本和土地成本;

$C_{拆迁}^{i}$——车站周边不同区域的拆迁价格;

$a_{拆迁}^{i}$——车站周边不同价格拆迁面积;

$C_{用地}^{i}$——车站周边不同区域的土地价格;

$a_{用地}^{i}$——车站周边不同价格土地建设征用面积。

那么市郊轨道交通核心区的建设成本应为:

$$C_{建设} = C_{工程} + C_{土地}$$

式中:

$C_{建设}$——市郊轨道交通核心区的建设成本。

4.3.1.2　降噪措施成本

根据美国环保局于 20 世纪 70 年代进行的调查研究结果表明,交通噪声是公众最反感的一种噪声。虽然轨道交通的噪声影响要比道路和航空噪声影响小得多,但是由于轨道沿线的居住比例较高、人口较为密集,因此其噪声影响也是不容忽视的。城市轨道交通列车只有在运营期间产生噪声影响,运营时间一般为 5:00 至 23:00,列车的发车间隔通常为 2~6 min,长度为 140 m 的列车以 80 km/h 的速度通过某点的时间约为 6.3 s。总的来说,城市轨道交通引起的噪声并不是全天候的,具有间歇性的特点。

1) 噪音控制指标

人体对于噪音的承受标准为:居民区、文教区等,昼间55 dB、夜间 45 dB;居住、商业、工业混合区,昼间 60 dB、夜间 50 dB;规划工业区,昼间 65 dB、夜间55 dB。噪音平均每提高 3 dB,能量会增强一倍。一般情况下,长时间处于超过 50 dB 噪音环境中,人的神经系统就会受到影响[71]。

2) 噪音的产生与传播

市郊轨道交通车站核心区的噪声主要来自于轨道交通线路的噪声,将对轨道交通沿线区域内工作和居住的人们产生不利影响。由于噪声对商业的影响不大,本书重点研究市郊轨道交通车站与居住建筑衔接时所需的降噪成本。

噪声的产生与传播是通过声源、传播路径及接收点这三个方面进行的(图 4-3)。轨道交通运行时产生噪声并形成噪声源,噪声在传播过程中发生扩散、吸收、屏蔽等作用而减弱,最后到达接收点,并结合其他因素影响接收者的活动。

3) 噪声传播特性

噪声从声源传播到接收者主要是通过空气,在传播过程中,噪声由于发散、吸收、屏蔽等作用而减弱。

首先,噪声在传播过程中不断衰减,离声源点越远,噪声计算值也就越小。实际测试结果表明:通常在 100 m 范

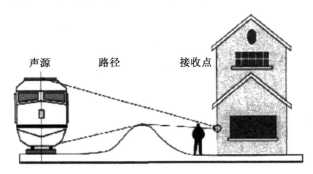

声源　　　　　路径　　　　接收点

图 4-3　噪声的产生与传播

围内,离轨道交通车站的距离每增加一倍,噪声就衰减
3 dB 左右。

其次,噪声在靠近土壤、植被时,会被吸收而减弱。有
植被的地面对于噪声的吸收可以达到 5 dB。

此外,噪声在传播过程中会被阻隔物(如声屏障、建筑
物等)所屏蔽而降低强度。噪声经过声屏障时传播路径将
被改变,噪声的强度随之就会变化。如图 4-3 所示,噪声
源只能绕过声屏障的顶部,发散后才能影响接收者。根据
声屏障的高度、长度不同,以及相对声源和接收者的距离
不同声屏障可以降低噪声级5～15 dB。

4)居住与轨道交通车站的关系

市郊轨道交通车站与周边住区的衔接主要可以简化
为四种形式(图 4-4):直接与车站通过天桥或广场相连;
二者间有树木阻隔;二者间有商业阻隔;居住上盖于车站
上方并且二者中间有商业。

5)噪声的计算方法

参照道路 EIA(Environment Impact Analysis)指标体

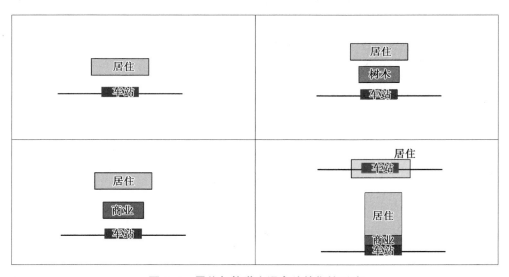

图 4-4　居住与轨道交通车站的衔接形式

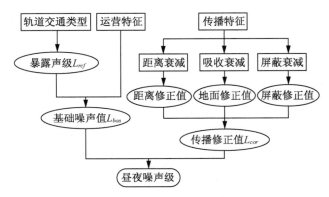

图 4-5　噪声预测方法

系中声环境评价指标的评价方法和美国联邦公共交通管理局于 2006 年 5 月颁布的《交通噪声与环境评价手册》[72]，高架的市郊轨道交通车站采用如图 4-5 所示的城市轨道交通噪声预测方法。

昼夜噪声级＝基础噪声值－传播修正值＝基础噪声值－（距离衰减值＋吸收衰减值＋屏蔽衰减值）。

则

屏蔽衰减值＝基础噪声值－距离衰减值－吸收衰减值－噪声控制标准。

$$L_d = 10 \log_{10} \frac{1}{4\pi L_i^2}$$

式中：

L_d——距离衰减值，dB；

L_i——轨道交通与居住建筑之间的最小距离，dB。

$$L_a = L_{bas}^i + L_d - L_b - L_s$$

式中：

L_a——屏蔽衰减值，dB；

L_{bas}^i——基础噪声值，dB；

L_b——吸收衰减值，取决于轨道交通线路与居住区之间的阻隔物，如建筑树木等，dB；

L_s——噪声控制值标准,取决于核心区城市功能构成,dB。

然后根据 L_a 选取不同的降噪材料和施工手段:

$$C_{控噪} = c_{噪声} \times S_{控噪}$$

式中:

$C_{控噪}$——噪音控制成本,元;

$S_{控噪}$——噪音控制建设面积,m^2;

$c_{噪声}$——单位面积降噪措施的单价,元/m^2。

4.3.2　时间成本评价

时间成本的概念来源于时间价值(VOT)理论。时间价值理论认为人的时间是具有一定价值的,乘客在出行过程中所付出的不仅有乘车费用,还需消耗一定的时间,所消耗的时间若用于生产活动中便可创造商品价值。因此,市郊轨道交通车站核心区时间成本评价就是指乘客由核心区内的目的地往返车站所消耗的时间价值的货币表现。

4.3.2.1　时间成本评价的空间特性

市郊轨道交通核心区的时间成本评价与各种功能空间所具有的特性有关。这些特性包括衔接距离、空间质量和出行者耗费时间的机会成本。而本书是在限定轨道交通车站衔接空间满足时间成本评价所需基本条件基础上进行的下一步研究。

1) 衔接距离

(1) 站外最长衔接距离

最长衔接距离指的是车站到达其他功能区的最远距离。考虑到人体的生理和心理特点,过长的步行距离会增加疲劳感,如果衔接距离过长,可以通过扶梯等辅助设施帮助缓解疲劳。

根据资料确定衔接步行距离参考范围,如表 4-1 所示。

表 4-1　衔接步行距离参考范围

时间(min)	理想步行距离		可接受步行距离			可容忍步行距离				
	1	2	3	4	5	6	7	8	9	10
距离(m)	107	177	238	293	345	393	440	485	528	570

以 A～E 五档分级标准,初步制定最长衔接距离的范围如表 4-2 所示。

表 4-2　最长衔接距离范围

指标	A	B	C	D	E
最长衔接距离(m)	≤200	200～350	350～450	450～600	≥600

乘客在出行过程中水平和垂直方向步行时产生的体力消耗不同,以人体能耗为标准,交通方式之间的衔接步行距离可以表示为:

$$U = H + KD$$

式中:

U——车站第 i 入口步行到其他功能区的 j 入口的距离,m;

H——水平走行距离,m;

D——垂直走行高度,m;

K——上、下楼距离附加系数(上楼取 4.0,下楼取 2.0,自动扶梯取 1.0)。

那么最长衔接距离 U 就是不同衔接空间中步行距离的最大值。在实际测算中,应从时间成本评价中剔除超过最大衔接距离(即 600 m)的行人。

(2)站内平均衔接距离

轨道交通车站内不同出入口的客流量是不同的,乘客由不同的出入口进出车站时在站内通道行走的距离也是不同的。但乘客在轨道交通车站内行走的平均距离却是可以计算的:

$$S = \frac{\sum\limits_{i=1}^{m} S_i Q_i}{Q}$$

式中：

S——平均出站距离,m;

S_i——不同出入口 i 的站内行走距离,m;

Q_i——不同出入口 i 的年平均客流量,人次/a;

Q——年平均客流量,人次/a。

2）空间质量—拥挤度

拥挤是行人个体在聚集等级过量人群的空间内反映出来的主观感受,是由行人流密度、空间环境、个体特征等多因素造成的。空间拥挤度的不同会影响到乘客在地铁站通道内的行走速度,空间越拥挤,行人行走越困难,速度越慢。

目前,针对综合交通换乘枢纽行人拥挤度的衡量指标,国内外并没有统一的量化标准。美国交通研究委员会在其报告中将通道 LOS 划分为六个等级[73],并给出了不同等级的行走速度、密度和流率(表 4-3)。

表 4-3　通道 LOS 与单位宽度行人流率

	人群密度（人/m²）	行人速度（m/s）	单位宽度行人流率（人/min·m）	服务状态
A	<0.18	1.30	16	行人沿希望的路径行走,不因其他行人的影响而改变自己的行动。自由选择步行速度,行人之间不会发生冲突
B	0.18~0.27	1.27~1.30	16~23	行人有充足的空间可自由选择步行速度、超越他人,避免穿行冲突。此时,行人开始觉察到其他行人的影响,选择路径时,也感觉到其他人的存在
C	0.27~0.45	1.22~1.27	23~33	行人有足够的空间采用正常步行速度和在原来流线上绕越他人,反向或横向穿叉行走产生轻微冲突,人均空间和流率有所减少
D	0.45~0.72	1.14~1.22	33~49	选择步行速度和绕越他人的自由度受限制,穿叉或反向人流产生冲突的概率大,经常需要改变速度和位置。该服务水平形成了适当的行人流,但行人间还会出现接触和干扰

	人群密度（人/m²）	行人速度（m/s）	单位宽度行人流率（人/min·m）	服务状态
E	0.72~1.35	0.76~1.14	49~75	所有行人的正常步速受到限制，需要频频调整步速。在该级服务水平低限，只能拖着脚步向前行走，空间很小，不能超越慢行者，穿叉和反向行走十分困难。设计流量接近人行道通行能力，伴有人流阻塞和中断
F	≥1.35	≤0.76	阻塞	所有行人步速严重受限，只能拖着脚步向前行走，与其他人产生不可避免的频繁的接触，穿叉和反向行走实际上不可能。行人流突变，不稳定，与行人流相比，其人均空间具有排队的特点

表格来源：改绘自为 *Highway Capacity Manual* 图表 11-8Pedestrian walkway los。

4.3.2.2 时间价值评价的对象特性

在以上基本条件的约束下，在进行时间成本评价时，评价对象即出行者本身的特性也会影响出行的时间价值，从乘客自身因素考虑，乘客无论选取什么样的方式出行，都要受收入水平、自身的偏好和地区因素等影响。

1）收入影响

由于时间成本是基于对时间运用于生产活动中来计算的，因而，相同的时间内，不同收入的人所做的生产活动是不一样的。所以不同收入的人出行时间成本是不一样的。

2）出行者类型的影响

出行者类型包括不同身份的出行者，如公职人员和非公职人员、老人和年轻人、工作者和休闲者、男人和女人、不同职业人员等。

3）出行地区的影响

出行地区差异对出行时间价值的影响显然是不同的，这和出行者的收入和地区社会经济发展水平有关。针对出行者自身特性的不同，目前国内外的研究方法主要有直接估算法和间接估算法两种（表 4-4），直接估算法又分为

表 4-4　国内外时间成本计算方法

计算方法		计算原理	优缺点
直接估算法	生产法	劳动力作为一种生产资源要素参与创造价值。人的旅行时间的缩短会释放出一部分这种资源,如能将其投入生产过程,这样将会增加国民生产总值和国民收入	采用生产法需具备下列条件:(1) 旅行时间的缩短,要真正能腾出可用于工作的时间;(2) 职工腾出的时间要能够用于生产上;(3) 社会存在充分就业或劳动力不足的环境
	收入法	在一些文献中称为工资法,即按不同的旅行者的收入的一定百分比来计算其旅行时间节省价值。国外经济学家一般倾向于采用这种方法	采用这种方法时需有下列条件:(1) 职工在其可支配的时间范围内,有选择劳动力时间和闲暇时间如何结合的自由;(2) 每个旅行者视旅行和劳动强度一样;(3) 旅客把旅行节省的闲暇时间用于工作上的收入,与其用的时间数量成正比
	费用法	在旅行时间和旅行费用可以互相替代的原则下,减少旅行费用意味着旅客可以获得其他福利 $$A=\frac{C_2-C_1}{t_1-t_2}$$ 式中: A——旅行时间节省价值,元/h; C_1、t_1——分别为利用较慢而较便宜的运输方式的旅行费用和旅行时间; C_2、t_2——分别为利用较快而较贵的运输方式的旅行费用和旅行时间	(1) 对于收入低的旅客来说,减少旅行费用比减少旅行时间更重要。在这种情况下,这类旅客宁肯选择慢而便宜的运输方式 (2) 较快的运输方式,不一定总是较贵的。例如,在大都市里,交通密度大,公共汽车有专线行驶,职工上下班的旅行时间可能低于私人快而贵的、在拥挤路线上行驶的轿车旅客的旅行时间
	收入—费用法	$$A=S+\frac{C_2-C_1}{t_1-t_2}$$ 式中: S——小时工资,元/h	低估了偏好闲暇时间的旅客的新增收入或可能减少的收入,而高估了偏好工资收入的旅客收入
	生产—费用法	$$A=\frac{p_g(t_1-t_2)}{T_a\times N_p}+(D_1-D_2)+E-(C_2-C_1)$$ 式中: p_g——年国民生产总值,元; D_1、D_2——分别利用运输方式 1/2 的出差费用(不包括运输费用),元; E——选择较慢运输方式引起的损失,元; T_a——人均年工作小时数,h/人; N_p——全国总人口,人	这种方法是把生产所考虑的旅客时间节省的工作时间价值和所利用的运输方式差异所付出的额外代价结合起来

计算方法		计算原理	优缺点
间接估算法	显示偏好分析	主要是通过对出行者出行次数的观察统计或调查数据来推算的时间价值	这种方法的费用太大,而且存在很大的不确定性,因为即使存在一种选择,也只能按出行者所选出行方案进行直接实证,而不能对所放弃的方案进行实证
	陈述偏好分析	通过对出行者行为进行问卷调查或直接询问、交谈来推算出行者的行为价值	这种方法可以克服显示偏好分析法费用大和不透明的缺点和限制,通过问卷回答可以得到许多可信的选择信息。在一次简单的实证调查中花费不大

生产法、收入法、费用法、收入—费用法、生产—费用法等,其中费用法、收入—费用法、生产—费用法是用于两种交通工具之间的比较方法。间接估算法又分为显示偏好分析法和陈述偏好分析法,显示偏好分析法难度较大,陈述偏好法是通过调查问卷改善前种方法。

国内目前采用的估算时间价值的方法有五种(表4-5),这几种算法都是沿袭了上述生产法和收入法,本书选取按社会劳动者的平均国民生产净值计算。

表 4-5　国内时间价值估算方法

计算方法	计算原理	优缺点
按人均国民收入计算 1	$$A=\frac{I_s \times Q_k \times T}{8 \times 365 \times L}$$ 式中: I_s——计算年底每一旅客的国民收入份额,元/人; Q_k——新建或改建公路的旅客周转量,万人·km; T——全程节省小时数,h; L——公路路线全程,km	出自交通部 1986 年颁布的《公路建设项目经济评价方法》,上述公式中存在的问题:一是按人均国民收入来测算时间价值,对应用国民收入和国内生产总值计算人均产值,从而以此来计算时间节省价值尚有不同看法,值得讨论;二是分母是全年每天 8 h 计算,这种数值应根据目前实际工作小时进行修正,且节省的时间不会完全用于工作上,应有一个时间利用系数;三是采用公路路线全程节省数也值得研究

计算方法	计算原理	优缺点
按人均国民收入计算 2	$$A=\frac{1}{2}bTQ$$ 式中： A——按正常客运量计算的旅客时间节省效益，万元/a； b——旅客单位时间价值，元/h，按人均国民收入计算； T——节省的时间，h/人； Q——正常客运量中的生产人员数，人	出自国家计划委员会和住房与城乡建设部的《建设项目经济评价方法与参数》，旅客单位时间价值按人均国民收入计算，这是全国人口平均数，除包括生产工作人员外，也包括非生产工作人员（老人、儿童、在校学生和失业者）。但在计算时间节省时，只考虑生产人员这个出发点是采用多估的态度，因为考虑中国当时存在大量失业和隐性失业的情况，特别是农民，节省的时间不能用于工作上，其影子工资率等于零。不计算非生产人员时间节省的价值，这一问题值得进一步研究，因为这未考虑闲暇效用
按社会劳动者的平均国民生产净值计算	$$A=\frac{NNP}{50\times40}$$ NNP——项目计算年度按社会劳动者的平均国民生产净值（扣除该年固定资产折旧费），元 50——每年 50 周 40——每周按 40 h 计算	
按生产法计算	$$A=\frac{NNP_i}{2\,000N_{pop}}$$ NNP_i——全国或计算地区国内生产净值（国内生产总值扣除折旧费用），元； N_{pop}——全国或相应地区人口总数，人； 2 000——年工作小时数，h	
亚洲开发银行计算方法	（1）工作出行旅客节省的时间价值按工资率计算 （2）休闲出行旅客节省的时间价值按支付意愿计算。由于缺乏支付意愿的资料，用年收入替代并设定其财务费用和经济费用相等	固然，由于数据缺乏，分别测算出行方式和出行目的操作起来难度很大，但为了更真实地反映不同出行方式的时间价值或为了综合估算时间节省价值，也有考虑必要。这把休闲价值与工作价值等同看待可能过多地估算了休闲价值，从而过高地估算了效益

国内生产总值（GDP）是指在一定时期内（一个季度或一年），一个国家或地区的经济中所生产出的全部最终产品和劳务的价值,常被公认为衡量国家经济状况的最佳指标。

NNP（Net National Product），指一个国家的全部国民在一定时期内,国民经济各部门生产的最终产品和劳务价值的净值。一般以市场价格计算,它等于国民生产总值减去固定资产折旧后的余额。相对比 GDP 来说,NNP 用于时间成本的计算更加客观、合理。

4.3.2.3　市郊轨道交通车站的时间成本的构成

不同的乘客通过轨道交通车站与城市空间产生联系时,方式和路线会有所不同,所消耗的时间成本自然也有所不同。通过站内站外的区别,可将乘客进出轨道交通车站路线分为站内通道和站外道路。通过交通方式的不同,又可将乘客在站外道路的交通分为步行方式和其他交通方式。

1）站内通道的衔接时间成本

车站的站内通道是旅客进出轨道交通车站的唯一途径,它关系到乘客的安全和舒适。通道的设计能力应能够满足车站的高峰小时客流。通道的平面及纵断面形状、长度和宽度都有可能影响通道的容量。其中,通道宽度的影响最为直接。从理论上说,通道越宽,容量越大,但施工建造成本也就越高。

2）站外道路步行行人的衔接时间成本计算

乘客使用轨道交通必须通过车站实现,其他交通方式也必须通过车站实现与轨道交通的换乘。因此,车站周边城市道路的布局和形态不仅决定了乘客到车站的流动路线,也决定了轨道交通站的服务范围。

乘客通过站外道路到达车站的方式有直接和间接两种。直接到达是指乘客从起点直接步行到轨道交通车站大厅;间接到达是指由接驳交通到达轨道交通站的公交站或停车场,之后步行到达车站大厅。

乘客的步行范围与站点所处的地理环境、站点的属性、周边土地的利用性质、步行可达性以及居民自身因素和出行特征等因素有着密切关系。调查发现,大多数人愿意步行的范围约在 150 m 之内,40% 的人愿意步行 300 m,只有不超过 10% 的人愿意步行 800 m。因此通常只需计算最大步行 5～15 min 的距离,即 500～800 m 的实际距离内的行人步行所消耗的总时间就能算出站外道路步行行人的衔接时间成本。

3) 接驳交通衔接时间成本计算

居住地距离市郊轨道交通车站较远的乘客通过接驳交通间接到达轨道交通车站的方式多种多样,主要包括公交车、小汽车(的士或私家车)、摩托车、自行车等。接驳交通乘客在站外道路上所消耗的时间受各种因素的影响,且比较复杂且难以统计,相对而言乘客从接驳交通到车站的步行换乘所消耗的时间是比较一致的。因此,当我们构建轨道交通车站时间成本评价体系时,乘客在轨道交通车站进行换乘的时间包括在评价体系内,其通过接驳交通消耗在城市道路上的时间不包括在内。

4.3.2.4　时间成本计算的相关参数

1) 年平均客流量

轨道交通车站的时间成本一般以年为单位进行计算,计算是建立在轨道交通车站所承担的客流量基础上。以出站乘客为例,所有的乘客都要由站内通道进入城市空间,而后一部分乘客步行到达其在城市空间中的目的地,同时其他的乘客则在轨道交通车站换乘不同的交通方式进入城市空间。因此

$$Q = \sum_{i=1}^{m} Q_i + \sum_{j=1}^{n} Q_j$$

式中:

Q——年平均客流量,人次/a;

Q_i——站外步行乘客年平均客流量,人次/a;

Q_j——换乘乘客年平均客流量,人次/a。

2）步行速度

行人交通特性表现在行人的速度、对个人空间的要求和步行时的注意力等方面，如行人速度较慢、机动性和随机性更强、行人个体具有多样性和脆弱性等。此外，行人交通还具有以下可观测到的现象和特点：

（1）在不受其他行人影响的情况下，行人个体的步行速度基本是恒定的。

（2）行人与其他行人和边界必须保持一定的安全距离。这个距离在人们匆忙行走的时候就会变小，也会随着人流密度的增大而递减。

（3）随着人群密度的增加，行人个体的速度会明显降低。

由于站内通道的行人密度较大，因此站内行人的步行速度视站内通道具体拥挤度而定。而站外道路行人速度可取实测定值，实测数据显示，我国大城市行人的基本数据与国外的情况略有差别，其步速、步频平均值略小于国外人士的平均值，平均步频为 1.96 步/s，平均步速为 1.24 m/s。

3）站外道路消耗时间

乘客在站外道路消耗的时间主要是指由车站步行到达商场住宅等所消耗的时间。衔接路径形式、路径长度等的不同都会导致乘客消耗时间的差异。由于路径选择多样性和乘客目的的复杂性，使得消耗时间很难直接进行计算。但通过 GIS 软件中网络分析功能的辅助计算，可以较为直观地获得轨道交通乘客在站外道路上所消耗的时间。

网络分析法是以道路交通网络的矢量数据为基础，能够较为真实地获得轨道交通车站乘客在站外道路上所消耗的时间。网络分析法利用 ArcGIS 的网络分析模块（Network analyst），基于城市道路网络，结合人口分布数据，以到达车站的实际方式来评价城市车站的空间分布和服务情况。一个基本的网络主要包括中心（centers）、连线（links）、节点（nodes）和阻力（inpedance）。中心为网络中的出发点，本书中代表轨道交通车站，以车站出入口的形式代替;连线则是现实世界中城市道路的抽象化;节点是网络中连线之间的交汇点,本书中为道路交叉口;阻力一般是指从中心沿着连线到达空间任意一点所消耗的单位时间,也即步行行人的速度。

4.3.2.5　时间成本的计算公式

1) 站内通道的时间成本公式

无论是直接或间接到达、离开轨道交通车站,乘客都必须通过站内通道才能进出轨道交通车站。因此,站内通道的时间成本即为轨道交通车站所有乘客在站内通道所消耗的总时间的价值,即:

$$C_{站内} = 365AQ \frac{S}{3\,600v \times 10\,000}$$

式中:

$C_{站内}$——站内通道年时间成本,元/a;

Q——年平均客流量,人次/a;

A——时间价值,元/(人·h);

S——平均出站距离,m;

v——平均步行速度,m/s,与车站通道拥挤度有关。

2) 站外道路步行行人的时间成本公式

当不同的步行乘客离开轨道交通车站以后,会前往不同的目的地,所以他们在城市道路内所消耗的时间也是不同的。当统计站外通道步行行人的时间成本时,必须先分别统计出前往不同目的地的行人的总人数和其所消耗的时间,而后求和,即为站外道路步行行人所消耗的总时间。那么站外道路步行行人的时间成本即为:

$$C_{站外} = \frac{365A \sum_{i=1}^{n} Q_i t_i}{600\,000}$$

式中:

$C_{站外}$——站外道路年时间成本,元/a;

Q_i——前往不同目的地的年平均行人流量,人次/a;

A——时间价值,元/(人·min);

t_i——前往不同目的地的行人的平均步行时间,min。

3)接驳交通换乘乘客的时间成本公式

当乘客准备通过接驳交通进入或离开轨道交通车站时,步行产生换乘时间。不同的换乘交通受到建筑因素的影响,其换乘时间必然是不同的,即使是相同的接驳交通方式采用不同的换乘组织方式也会导致换乘时间的不同。例如对于接驳多条公交线的公交站台而言,不同的公交站台形式决定了路径时间的差异。对于港湾式车站,行人无需穿越公交车流线,但是路径距离可能较长;对于岛式站台,路径距离较短,但是行人需要穿越公交车流线,时间成本上需要增加过街延误时间成本以及公交车延误时间成本,并且当客流量较大时有可能导致交通混乱。

接驳交通换乘乘客的时间成本为:

$$C_{换乘} = \frac{365A \sum_{j=1}^{n} Q_j t_j}{600\,000}$$

式中:

$C_{换乘}$——乘客换乘接驳交通的年时间成本,元/a;

A——时间价值,元/(人·min);

Q_j——不同方式的接驳交通的,人次/a;

t_j——不同方式交通的平均换乘时间,min。

4)轨道交通车站时间成本评价公式

轨道交通车站乘客的时间成本包括乘客在站内通道消耗的时间成本、步行乘客在站外步行的时间成本和换乘乘客换乘的时间成本,即:

$$C_{时间} = C_{站内} + C_{站外} + C_{换乘}$$

4.3.3 经济效益评价

完善以轨道交通为核心的综合公共交通体系是应对城市交通拥堵的最佳办法。虽然城市轨道交通可以为城市创造经济、社会等效益,同时也能避免资源的浪费和节省社会总体出行成本,进而增加了居民的出行效率,但是目前全世界城市轨道交通所面临的最突出问题是:作为公共交通,大多数轨道交通由地方政府投资建设,建成之后轨道交通的运营还需财政补助,轨道交通实际运营的整体经济效益较低,大部分轨道交通都处于亏损状态。

城市轨道交通车站作为以交通为主导的城市公共空间的核心区,为周边地块赋予了许多潜在价值,合理地运用轨道交通站点核心区的各类资源,并基于行政调控和市场机制把轨道交通站点核心区的经济价值发挥充分,就可为轨道交通自身发展提供一定支持,形成轨道交通发展的可持续循环。这种通过建设开发带动周边地区的经济,扩大轨道交通的收入来源,并以此补充轨道交通运营的方法,不仅减小了地方财政压力,同时也为民间资本找寻了一条新的出路。因此,随着轨道交通在我国的全面建设,研究轨道交通所能带来的所有潜在经济价值并且使其充分发挥显得日益重要。

4.3.3.1　市郊轨道交通核心区商业开发效益

1) 市郊轨道交通核心区商业开发定义

在市郊轨道交通车站核心区内,尽可能地开发可利用的资源,充分带动轨道交通周边的地块价值上升以及其他经济、社会效益,继而围绕轨道交通车站形成商业、居住以及文化欣欣向荣的景象。进一步通过沿线区域逐步发展,增大人们出行时轨道交通的使用率,庞大的人流量势必推动轨道交通站点周边商贸的发展。这种由轨道交通带动周边地区发展,反之又为轨道交通带来收益并推动市郊区域发展的可持续模式,被称为市郊轨道交通核心区商业开发模式。

2) 市郊轨道交通核心区商业开发特点

通过对轨道交通商业开发多年的调查与实践,以及对国内外轨道交通发展非常成熟的城市进行调研分析,得出市郊轨道交通商业开发具有如下特点。

（1）市郊轨道交通商业开发的蛛网特点

随着我国大部分城市轨道交通不断地建设，轨道交通线路如同蛛网一样，密集地编织在城市上，同时轨道交通站点的选址大部分情况下是在人流量大且功能重要的位置。因此，基于乘客的安全出行和轨道交通的稳定运行，应加强对轨道交通站点区域的规划和设计，通过植入不同的便民服务设施与商业设施并加入现代化的管理运营模式，轨道交通站点广场网络化运营的优势便会得以体现，并且其规模和收益将会随着使用人群的加大而渐渐增大。

（2）轨道交通沿线商业开发的高人流通过性特点

在城市化程度较高的国际都市中，轨道交通就是一个城市的主干，市民对轨道交通的需求度可以从轨道交通的超负荷运作中看出。例如，目前北京轨道交通的日均客运量近 500 万人次，这意味着有相当大的客流量有可能转化为轨道交通站点周边的商业人流，其蕴含着无比巨大的商机和可开发的商业价值。

（3）轨道交通沿线商业开发的时空局限性特点

由于轨道交通不受天气、路况的影响并且准点率高的特点，上班族更倾向于采用这种出行方式上下班。但这同时也造成了轨道交通运营过程中会有早、晚高峰客流的集中出行，这也造成了以轨道交通为依托的沿线商业开发盈利能力波动大的结果。但即使受到行业时空局限性特点的限制，笔者认为也可以通过多种方式进行化解，只要提前做好规划与分析工作，充分分析研究轨道交通周边商业的合理布局与早、晚高峰人流动线，并基于此做出合理规划与整体设计，就可以较好地克服时空局限性的影响。

3）市郊轨道交通开发对商业开发的促进作用

（1）影响城市商业发展的因素

一个城市的商业水平不会是单独发展的，它是基于城市的发展和城市的结构而逐渐积累的。在当代城市中，商业的形成、发展和分布主要与城市的传统商业基础、城市住宅区的分布和交通便捷度这三个因素关联度较高。其中,交通便捷度是最重要的因素。交通条件影响消费者购物出行目的地的选择,便捷的出行方式、容易到达的商业贸易区通常客流量也大。消费者对商业区的空间感知距离越短,则越易选择该商业区。市郊轨道交通车站作为郊区各个组团的中心,其具有天然的商业优势。

（2）轨道交通核心区开发对商业效益的促进作用

市郊轨道交通站点与商业设施的共同开发可以提高二者的使用率,使其相互促进。市郊轨道交通站点的建设还可以促进居住区的开发,形成交通—商业—居住的联合开发模式,进而影响市郊地区人口的分布,引导居民向轨道交通车站核心区转移,在车站核心区的人口密度不断增大的条件下,商业发展也势必得到促进。此外,由于城市中心区土地资源的限制,在市郊土地较为宽松的条件下,基于轨道交通车站建设超大型商业综合体更具有优势。从日本的市郊车站建设经验来看,东京城市中心几乎没有能够匹敌市郊的大型商业购物中心。

（3）商业开发对轨道交通的反哺

轨道交通的成本主要由两部分组成,即轨道交通的建设投资和运营成本。城市轨道交通属于城市基础设施,它的建设需要投入大量的资金,一般由政府出资建设。轨道交通所提供的服务为非营利性,轨道交通票价和当地居民人均收入挂钩同时又不易过高,所以轨道交通在实际运营中很难有盈利,大多需要政府补贴保证其正常运营。因此应在借助轨道交通为周边区域带来额外经济价值的前提下,通过综合开发的收益来反哺轨道交通的投资及运营。

4）市郊轨道交通核心区开发对商业效益影响的计算

（1）轨道交通行人流与商业

无论是什么类型的商业设施,其收入的本质都来源于为顾客提供的服务,顾客越多,商业效益也就越好。因此,如何把轨道交通车站所带来的巨量行人流合理地转化为周边商业设施的顾客,就成为市郊轨道交通核心区商业开发的重点。

为了吸引购物人流,核心区商业设施必须具备良好的"可穿越性"。为了创造更多的穿越人流,商业设施应充分利用与轨道交通车站相互连接的地面和地下公共交通设施、多层次立体步行系统及周边公共空间,使自身成为这些公共元素之间的换乘空间、过渡空间和交通枢纽。另外,商业设施的停车库也为附近公共场所提供了停车场地,因此在停车库和目的地之间的动线交通一定程度上也能制造相当量的穿越人流。

(2) 行人消费和商业空间的设计

商业人流从目的性角度分类可以分为目的性消费和潜在性消费两类。目的性消费是指事先带有目的地进行商品交易的人群,比如到达某个餐厅或者超市。目的性消费行为一旦发生就很少受周围环境的影响。潜在性消费是指没有目的地逛,或者只是为了消遣,又可能只是到邻近的公共场所散散心。这种消费方式容易受到建筑空间环境的影响,所以商业氛围的打造和对于人流的诱导对激发潜在性消费而言尤为重要。

所以优化商业业态可以进一步激活市郊轨道商业综合体的各个部分,提升商业价值。一方面利用通勤居民回家的路上"被动式"地穿越商场,最大限度地将交通客流转化为潜在的消费力,布置停留时间较短的展示性商品以及对环境影响较小的小型餐饮,通过良好穿行度来激发顾客潜在性消费,从而保持稳定的商业价值。另一方面可以通过目的性商业做法"主动"拉动商业流线。将主力店或者目的性商业布置在可达性较差的场所,如餐饮、娱乐、文化等。例如香港轨道交通青衣站的商业综合体中,将超市、电影院以及所占空间较大的数码家电布置在可达性较低的楼层或者平面边缘,银行、家政等服务性质的业态分布在居住区与商场接口处,这些业态的设置有效地提升了商业综合体的活力。日本有些商业综合体则会提供部分空间用于社会公益项目,例如文化展厅、市役所、邮政局等,这种类型的项目占用空间大,但是不需要布置在可达性最佳的位置,而对于形成"主动式"商业流线则意义非凡。

商业业态的安排是一个随时间发展逐步展开的动态过程,随着商业成熟度的不同发展状况,业态安排和组织会发生变化,节点商业的位置和功能也会发生变化。随着消费需求的多样化、多层次化,商业业态种类会逐步增加。因此轨道交通核心区商业的开发不仅要考虑到空间尺度的发展,也应考虑其在时间尺度上的发展。

(3) 轨道交通乘客行人流的商业效益

有时候,单一的路径可能过于集中,采用多路径衔接不仅有利于分解人流,减小路径的宽度,在不增加很多造价的同时扩大轨道交通的影响力和影响范围,并且利用多路径增设商业或与商场联系,也可以提高商业效益。

轨道交通为其联合开发的商业设施所带来的效益可以表示为:

$$B_{商业} = 365 \sum Q_k q_k$$

式中:

$B_{商业}$——轨道交通为其周边衔接的商业设施所带来的效益,元;

Q_k——进入车站衔接商业设施中店铺 k 的乘客数,人/d;

q_k——店铺 k 单位顾客平均消费额,元/人。

4.3.3.2　市郊轨道交通核心区开发土地效益

轨道交通的建设和运营能给沿线带来较强的正外部性,其中最明显的就是引起沿线特别是车站周边区域的土地增值。轨道交通车站的便利交通以及车站核心区的高可达性促进了车站核心区土地利用率和开发强度的提升,此外相关基础设施的建设又能促进居民在轨道交通线路附近居住,使得土地价值持续增长。

土地价值的高低必然影响土地的开发利用方式,对于高价值土地,综合开发效益远甚于单一开发。土地利用规划与城市轨道交通建设可以是相辅相成的。合理的土地利用可以形成稳定的轨道交通客流,保证轨道交通的良好运营。同时,轨道交通的建设又可以合理地引导土地开发内容、开发强度的配置,形成良好的城市空间结构与用地布局,如图4-7所示。在综合开发中,土地的复合使用,改变建筑间单维度的水平横向联系,形成多维度、多向度的城市空间联系,从而使车站与周边建筑的衔接路径距离减小,时间成本减少,房地产价值提升。

在欧美国家有关轨道交通与房地产价值方面的研究中,使用最为广泛、最为成熟的方法是"特征价格法"(Hedonic Price Method)。此方法在日本、马来西亚等国也具有实际应用,涉及领域包括交通系统与资产价值研究、房地产评估、物价指数计算等。

特征价格法是由美国舍温·卢森(Sherwin Rosen)教授于1974年结合效用理论(utilities theory)和竞价理论(bid price theory)所建立的一种模型。其含义为每位消费者在追求效用极大化的过程中,每增加一单位某种属性的消费所愿意支付的额外费用,即为该属性的边际付款意愿(marginal wiliness-to-pay),亦即该属性的特征价格(hedonic price)。

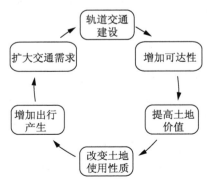

图4-7 城市土地利用与交通系统之间循环反馈关系图

在综合考虑国内外经验的基础上,本书对车站设置引起的房价变化也采用特征价格法来研究。选取这种方法主要基于以下两方面的原因:首先是该方法已经在国外有几十年的研究和实践经验,比较成熟,有多个城市的研究可以参考;其次是因为数据相对容易取得,也比较准确,可信度较高。

具体到房地产而言,影响住宅价格的属性有很多,但在房产与城市轨道交通的研究中,我们最关心的当然是房产与车站距离的关系。以距离市郊车站 1 000 m 处的房产价格为基准,我们可以计算得到建设市郊轨道交通车站带来的房产增值:

$$B_{地产} = \frac{\sum [A_i(d_i - p_i)]}{n}$$

式中:

$B_{地产}$——市郊轨道交通车站核心区房地产年平均增值量,元/a;

p_i——距离车站 R m 处的小区(本研究中 R 取 1 000 m)的房价,元/m²;

A_i——第 i 个小区的房产面积,m²,第 i 个小区是指车站 500 m 步行范围内按离车站远近划分的第 i 个小区;

d_i——第 i 个小区的房产相对 R m 处的小区房价,元/m²;

n——轨道交通车站已开通年限。

4.3.4　交通效益评价

4.3.4.1　客流增加后轨道交通增加的票价效益

随着市郊轨道交通的成功开发,其车站核心区逐渐发展,土地使用密度日益增加,反过来对交通的需求也越来越大。市郊轨道交通车站核心区的逐步开发可以激发以核心区为起点或终点的新的交通出行。改善核心区城市设计,优化核心区的交通组织,提高其交通可达性,可以进一步提高核心区土地的开发强度,进而提高轨道交通客流,增加轨道交通车站的票价效益。

以港铁杏花邨站为例(图 4-8)。杏花邨站是港岛线东端的郊区车站,是港岛线除了终点站柴湾站以外距离城市最远的车站。杏花邨站是地面车站,地上二层是站厅及杏花新城商场。杏花邨是当地最大的住宅项目,由近 50 幢高层塔楼组成,分为南北两部分,车站以南依托山势形成地铁上盖开发住宅的形式,车站以北地势较平坦,住宅楼与车站基本处于同一水平面,二者通过人行天桥衔接,天桥下方街道两侧设有公交站和出租车站。杏花邨由港铁公司投资建设,其利用自身建设及运营轨道交通的优势,把住宅、商场和轨道交通车站有机结合,从而成为港岛东部最主要的居住区之一,除了获得巨大的物业开发效益,也通过商住开发,为轨道交通提供了稳定的客流。

杏花邨小区

杏花邨站正面

杏花新城商场

站前的公交及出租站

图 4-8 香港地铁杏花邨站

综上所述,由于轨道交通车站与周边建筑结合建设,开发建设商业、住宅,接驳换乘系统内换乘条件的改善,增加了轨道交通的客流量。对于轨道交通来说,增加的这部分票价的效益为:

$$B_{车票} = pR_i$$

式中:

$B_{车票}$——客流量增加后轨道交通增加的票价效益,元·万人;

p——平均乘距对应的票价,元;

R_i——车站开通 i 年后相对于车站开通运营当年增加的客流量,万人。

4.3.4.2　衔接设施节约的城市交通时间效益

交通效益主要基于衔接设施的不同设计方案对道路交通的影响,例如,在车站与地块间有道路隔绝的情况下,通过天桥可以减小对地面交通的影响,如图 4-9 所示。由于人行延误在之前的衔接路径计算中已经包含,本收益项仅研究节省下的机动车交通时间成本影响。

基于美国公路通行手册的算法结合国内的实际情况获得了时间成本的计算方法:

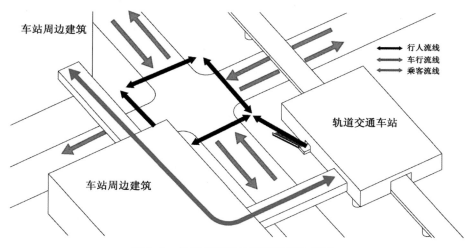

图 4-9　轨道交通车站衔接乘客流线图

平均延误时间 $T_{延误} = -0.175a + 0.338b + 0.134c + 0.063d + 1.264e + 9.996$，其中平均延误时间的单位为 s，$a$ 为 5 min 内通过路线的车辆总数，b 为 5 min 内第 15 s 停车数量，c 为绿灯时间长度，d 为信号周期长度，e 为引道的车道数量。

平均一次延误时间总成本计算：

$C_{延}$＝平均载客率×平均车辆数×人均时收入×延误时间

因此，建立衔接设施后节约的交通延误效益就是：

$$B_{延误} = 365n \frac{\sum a_{载客}^{i} b_{车辆}^{i} T_{延误} A}{60}$$

式中：

$B_{延误}$——建立衔接设施后节约的交通延误收益，元；

n——建立衔接设施后日均减少的延误次数，次；

$a_{载客}^{i}$——交通方式 i 平均载客率，人/辆；

$b_{车辆}^{i}$——交通方式 i 每次延误平均车辆数，辆；

$T_{延误}$——平均一次延误时间，min；

A——时间价值，元/（人·min）。

4.4 案例研究

根据轨道交通车站核心区的成本效益分析，分别计算核心区城市设计方案的成本与效益。将轨道交通车站核心区城市设计的社会效益定为 NPV，具体计算公式如下：

$$NPV = B_t - C_t$$

式中：

NPV——净社会效益；

$C_t = C_{工程} + C_{设备} + C_{土地} + C_{控噪} + C_{时间}$；

$B_t = B_{商业} + B_{土地} + B_{车票} + B_{延误}$。

判断单一设计方案的投资可行性时，可以根据上述公式所计算出的 NPV 值加以判断。若 $NPV \geqslant 0$，则该方案可行；若 $NPV<0$，则该方案不可行。当同一项目的不同方案比较时，选择 NPV 较大者。

以下通过具体案例来进一步说明城市设计方案的成本效益评价方法的具体应用。

1）背景概况

轨道交通南翔站位于上海市嘉定区南翔镇——一个具有悠久历史的古镇。南翔站是上海轨道交通 11 号线进入嘉定区的第一站，且为地上轻轨站，并与未来将建设的 17 号线地铁在基地东北角交汇，形成换乘体系，南翔站通过两条衔接天桥与中冶祥腾城市广场相连。同时在车站与城市广场之间还设有 7 条公交 BUS 始发站，P+R 停车库。

南翔站既是城市交通网络的节点，又是一个设施集中、具有多种功能建筑和开放空间的城市场所。它本身具有其他很多站点不具备的发展优势：一是车站为高架站，对周边城市空间影响较为明显；二是车站与周边商业衔接联系较好；三是各种衔接交通较为完善；四是周边地产开发比较成熟。正是基于此，本书选取南翔站作为案例研究的对象。

2）成本效益计算

（1）建设成本

根据相关参数和公式，可以计算出南翔站的衔接建设的工程成本，如表 4-6 所示。

表 4-6　南翔站建设成本计算

参数/公式	取值/计算结果	取值依据/说明
$C_{衔接}$——衔接设施 i 的土建造价指标，万元/m²	4 000	
S_i——衔接设施 i 的建设面积，m²	共两条衔接通道，宽 12 m，长 50 m	案例车站共有 2 条衔接设施，$\sum S_i$ 为所有衔接设施的总面积
$C_{设备}$——内部辅助设备的平均单价，元/m	0	为室外衔接设施，无辅助设备

参数/公式	取值/计算结果	取值依据/说明
L_j——内部辅助设施 j 的建设长度,m	0	案例车站共有 j 条辅助设备,$\sum L_j$ 为所有辅助设备的总长度
$C_{工程} = C_{衔接}\sum S_i + C_{设备}\sum L_j$ $C_{工程}$——衔接建设的工程成本,万元	480	

（2）土地成本

根据相关参数和公式,可以计算出南翔站的衔接土地成本,如表4-7所示。

表 4-7　南翔站土地成本计算

参数/公式	取值/计算结果	取值依据/说明
$C_{拆迁}^i$——车站周边不同区域的拆迁价格,元	4 000	
$a_{拆迁}^i$——车站周边不同价格拆迁面积,m²	1 988	
$C_{用地}^i$——车站周边不同区域的土地价格,元	0	http://fdc.fang.com/report/4888.htm
$a_{用地}^i$——车站周边不同价格土地建设征用面积,m²	0	
$C_{土地} = \sum C_{拆迁}^i a_{拆迁}^i + \sum C_{用地}^i a_{用地}^i$ $C_{土地}$——车站核心区拆迁成本和土地成本,元	0	

（3）降噪成本

根据相关参数和公式,可以计算出南翔站的衔接土地成本,如表4-8所示。

表 4-8　南翔站降噪成本计算

参数/公式	取值/计算结果	取值依据/说明
L_i——轨道交通与居住建筑之间的最小距离,m	65	

参数/公式	取值/计算结果	取值依据/说明
$L_d = 10 \log_{10} \dfrac{1}{4\pi L_i^2}$ L_d——距离衰减值,dB	−47.6	
L_{bas}^i——基础噪声值,dB	84	
L_b——吸收衰减值,取决于轨道交通线路与居住区之间的阻隔物,如建筑、树木等,dB	0	
L_s——噪声控制标准值,取决于核心区城市功能构成,dB	50	居住、商业、工业混合区,昼间 60 dB、夜间 50 dB
$L_a = L_{bas}^i + L_d - L_b - L_s$ L_a——屏蔽衰减值,dB	小于 0	屏蔽衰减值小于 0,不需要额外建设降噪设施
$C_{控噪}$	0	根据 L_a 选取不同的降噪材料和施工手段,从而决定单位面积降噪措施的单价
$S_{控噪}$——噪音控制建设面积	0	
$C_{控噪} = c_{噪声} \times L_{控噪}$ $C_{控噪}$——噪音控制成本	0	

（4）时间成本

根据相关参数和公式,可以计算出南翔站乘客站内通道年时间成本,如表 4-9 所示。

表 4-9　南翔站乘客年时间成本计算

参数/公式	取值/计算结果	取值依据/说明
NNP,万元	10.31	http://www.sh.chinanews.com/tpxw/2016-03-01/1504.shtml
$A = \dfrac{NNP}{2\,000}$ A——时间价值,元/(人·h)	51.55	根据案例所在地居民年均收入计算
S——平均出站距离,m	85	
v——平均步行速度,与车站通道拥挤度有关,m/s	1.24	

参数/公式	取值/计算结果	取值依据/说明
Q——日平均行人流量,万人	1.1	
$C_{站内}=365AQ\dfrac{S}{3\,600v}$ $C_{站内}$——站内通道年时间成本,万元	394.1	

南翔站紧邻中冶祥腾城市广场,并通过人行天桥与其连接。如图 4-10 中冶祥腾城市广场主要由公共交通接驳以及商业、办公、居住等功能组成。与南翔站紧靠的是公共交通接驳区,主要设置 BUS 换乘、出租车等候区以及自行车停车区。其中,①区域为公交换乘区,②区域为出租车等候区,③区域为自行车停放区。另外,商城④底层为P+R 停车场(P+R 停车场即换乘停车场,早上驾车停进P+R 停车场,然后去换乘地铁抵达工作单位,下班后再坐地铁到达停车场,驾车回家),方便开车的上班族换乘地铁。商业区域⑤设置在基地东南面,并通过商业内街将整

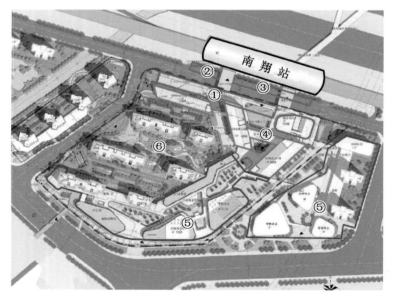

① 公交换乘区
② 出租车等候区
③ 自行车停放区
④ P+R停车场
⑤ 商业区
⑥ 住宅区

图 4-10 南翔站与中冶祥腾广场示意图

个商业区和办公区串联起来。考虑到南翔站噪声影响和周边巨大的人流,居住区⑥设置在基地西面,由商业、办公和公交接驳区半围合相阻隔。

　　根据问卷调查可知,如图 4-11 所示南翔站进出乘客以周边小区居住人群为主,周边步行 250 m 范围内有中冶祥腾城市佳园、清猗园馆两个小区。除此之外,500 m 范围内还有金地格林春晓、玲珑雅墅、民东公寓、绿地新翔家园四个小区。根据相关参数和公式,可以计算出南翔站的乘客的站外道路和乘客换乘接驳交通的年时间成本,如表 4-10 所示。

　　(5)乘客商业效益

　　南翔站通过人行天桥与中冶祥腾城市广场三层相连接。如图 4-12 所示,广场三层主要有星巴克、麦当劳等餐饮店和一个 KTV 及一个电玩城。根据问卷调查结果,大约有 45% 由南翔站通过衔接设施进入的乘客同时会进入该商业广场的某家店铺。离衔接天桥越近的店铺进入的乘客越多,排名前六的店铺进入的乘客数可达所有进入店铺乘客的 80%,为方便统计,下文的计算中仅取乘客进入数排名前六的店铺,具体计算如表 4-11 所示。

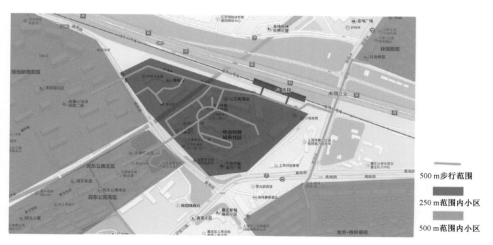

图 4-11　南翔站 500 m 步行范围及其辐射小区示意图

表 4-10 南翔站的乘客的站外道路和乘客换乘接驳交通的年时间成本计算

参数/公式	取值/计算结果		取值依据/说明
Q_i——前往不同目的地的平均行人流量,人次/d	Q_{i1} 前往公交车站的日均人流量	4 200	
	Q_{i2} 前往出租车站的日均人流量	200	
	Q_{i3} 前往自行车停车场的日均人流量	750	
	Q_{i4} 前往 P+R 停车场的日均人流量	550	
	Q_{i5} 前往中冶祥腾城市广场的日均人流量	2 400	
	Q_{i6} 前往中冶祥腾城市佳园的日均人流量	700	
	Q_{i7} 前往清猗园馆的日均人流量	600	
	Q_{i8} 前往金地格林春晓的日均人流量	280	
	Q_{i9} 前往玲珑雅墅的日均人流量	20	
	Q_{i10} 前往民东公寓的日均人流量	400	
	Q_{i11} 前往绿地新翔家园的日均人流量	900	
t_i——前往不同目的地的行人的平均步行时间,min	t_{i1} 前往公交车站的平均步行时间	3	
	t_{i2} 前往出租车站的平均步行时间	2	
	t_{i3} 前往自行车停车场的平均步行时间	2	
	t_{i4} 前往 P+R 停车场的平均步行时间	4.5	
	t_{i5} 前往中冶祥腾城市广场的平均步行时间	5	
	t_{i6} 前往中冶祥腾城市佳园的平均步行时间	6	
	t_{i7} 前往清猗园馆的平均步行时间	6	
	t_{i8} 前往金地格林春晓的平均步行时间	8	
	t_{i9} 前往玲珑雅墅的平均步行时间	8.5	
	t_{i10} 前往民东公寓的平均步行时间	9	
	t_{i11} 前往绿地新翔家园的平均步行时间	9	
$C_{站外} = \dfrac{365 A \sum\limits_{j=1}^{n} Q_i t_i}{60}$ $C_{站外}$——站外道路年时间成本,万元	1 595.7		

参数/公式	取值/计算结果		取值依据/说明
Q_j——不同方式接驳交通日均人流量，人次/d	Q_{j1} 前往公交车站候车的日均人流量	4 200	
	Q_{j2} 前往出租车站候车的日均人流量	200	
	Q_{j3} 前往自行车停车场取车的日均人流量	750	
	Q_{j4} 前往 P+R 停车场取车的日均人流量	550	
t_j——不同方式交通的平均换乘时间，min	t_{j1} 公交车站候车的平均时间	3.5	
	t_{j2} 出租车站候车的平均时间	3	
	t_{j3} 自行车停车场取车的平均时间	2	
	t_{j4} P+R 停车场取车的平均时间	3	
$C_{换乘} = \dfrac{365A \sum\limits_{i=1}^{n} Q_j t_j}{60}$ $C_{换乘}$——乘客换乘接驳交通的年时间成本，万元	578.6		

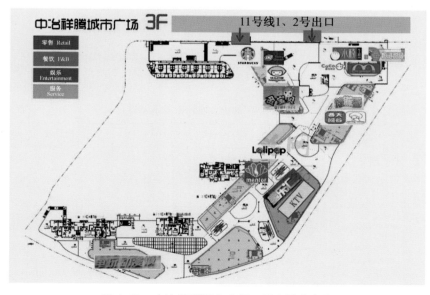

图 4-12　中冶祥腾城市广场三层店铺分布图

表 4-11　南翔站乘客商业效益计算

参数/公式	取值/计算结果		取值依据/说明
Q_k——进入车站衔接商业设施中店铺 k 的乘客数,人/d	Q_{k1} 前往麦当劳消费的乘客数	259	
	Q_{k2} 前往星巴克消费的乘客数	130	
	Q_{k3} 前往小杨生煎消费的乘客数	147	
	Q_{k4} 前往 DQ 冷饮消费的乘客数	86	
	Q_{k5} 前往快乐柠檬消费的乘客数	199	
	Q_{k6} 前往恒记甜品消费的乘客数	43	
q_k——店铺 k 单位顾客平均消费额,元	q_{k1} 麦当劳顾客平均消费额	26	http://www.dianping.com
	q_{k2} 星巴克顾客平均消费额	36	
	q_{k3} 小杨生煎平均消费额	21	
	q_{k4} DQ 冷饮平均消费额	29	
	q_{k5} 快乐柠檬平均消费额	12	
	q_{k6} 恒记甜品平均消费额	32	
$B_{商业} = 365 \sum Q_k q_k$	757		
$B_{商业}$——轨道交通为其周边衔接的商业设施所带来的年效益,万元			

（6）土地升值效益

根据相关参数和公式,可以计算出南翔站土地升值效益,如表 4-12 所示。

表 4-12　南翔站土地升值效益计算

参数/公式	取值/计算结果		取值依据/说明
p_i——距离车站 R m 处小区(本书中取 1 000 m)的房价,元/m²	翔瑞新苑	21 502	
A_i——第 i 个小区的房产面积,m²	中冶祥腾城市佳园	115 000	第 i 个小区是指车站 500 m 步行范围内按离车站远近划分的第 i 个小区
	绿地崴廉公馆	28 975	
	玲珑雅墅	8 000	
	金地格林春晓	140 000	
	民东公寓	30 000	
	绿地新翔家园	67 200	

续表 4-12

参数/公式	取值/计算结果		取值依据/说明
d_i——第 i 个小区的房产相对 R m 处的小区房价量,元/m²	中冶祥腾城市佳园	38 421	
	绿地崴廉公馆	34 380	
	玲珑雅墅	31 706	
	金地格林春晓	29 220	
	民东公寓	27 827	
	绿地新翔家园	25 521	
n——轨道交通车站已开通年限,a	5		
$B_{地产} = \dfrac{\sum[A_i(d_i - p_i)]}{n}$ $B_{地产}$——市郊轨道交通车站核心区房地产年平均增值量,万元/a	78 816		

（7）客流增加后轨道交通增加的票价效益

根据相关参数和公式,可以计算出南翔站客流增加后轨道交通增加的票价效益,如表 4-13 所示。

表 4-13　南翔站客流增加后轨道交通增加的票价效益计算

参数/公式	取值/计算结果	取值依据/说明
p——平均乘距对应的票价,元	7.74	
R_i——车站开通 i 年后相对于车站开通运营当年增加的客流量,万人	292	
$B_{车票} = p\sum R_i$ $B_{车票}$——客流增加后的轨道交通增加的票价效益,万元/a	2 260	

（8）衔接建设后节约的交通延误时间效益

根据相关参数和公式,可以计算出衔接建设后节约的交通延误时间效益,如表 4-14 所示。

表 4-14 衔接建设后节约的交通延误时间效益计算

参数/公式	取值/计算结果		取值依据/说明
a 为 5 min 内通过路线的车辆总数,辆	327		
b 为 5 min 内第 15 s 停车数量,辆	25		
c 为绿灯时间长度,s	30		
d 为信号周期长度,s	90		
e 为引道的车道数量,个	2		
$T_{延误}=-0.175a+0.338b+0.134c+0.063d+1.264e+9.996$ $T_{延误}$——交通延误时间,s	6.284		
n——建立衔接设施后日均减少的延误次数,次	640		
$a_{载客}^{i}$——交通方式 i 平均载客率,人/辆	公交车	12	
	轿车	2.1	
$b_{车辆}^{i}$——交通方式 i 每次延误平均车辆数,辆	公交车	0.81	
	轿车	5.3	
$B_{延误}=365n\dfrac{\sum a_{载客}^{i}b_{车辆}^{i}T_{延误}A}{3\,600}$ $B_{延误}$——建立衔接设施后节约的交通延误效益,万元	7.5		

(9)成本效益比较

根据相关参数和公式,可以计算出南翔站核心区成本效益评价,如表 4-15 所示。

表 4-15 南翔站核心区成本效益评价

参数/公式			取值/计算结果(万元)	取值依据/说明
C_t	$C_{工程}$		480	
	$C_{土地}$		0	
	$C_{控噪}$		0	
	$C_{时间}$	$C_{站内}$	394.1	
		$C_{站外}$	1 595.7	
		$C_{换乘}$	578.6	

参数/公式		取值/计算结果	取值依据/说明
B_t	$B_{商业}$	757	
	$B_{土地}$	78 816	
	$B_{车票}$	2 260	
	$B_{延误}$	7.5	
$NPV = B_t - C_t$		78 792.1	

4.5　本章小结

　　本章通过对城市设计方案评价概念的定义,分析国内外城市设计方案的评价方法,明确了市郊轨道交通车站核心区城市设计方案评价的评价对象及评价目标,并通过其与一般城市设计方案评价的对比,分析其评价的要点。最后总结市郊轨道交通车站核心区城市设计方案评价体系的建构。

第 5 章 | 结论与展望

5.1 本书的主要工作及成果

本书侧重于在跨学科的研究基础上,着重研究市郊轨道交通高架车站核心区城市设计方案的方案设计要点及其评价方法。具体工作及成果如下:

1) 以文献调查和资料分析为主,分析了世界主要城市市郊轨道交通线路的构成和发展过程,对各大城市市郊铁路的衔接模式、车站设置等设计特点进行探讨,并从中总结出了一些可借鉴的经验。

2) 在已有研究基础上,提出市郊轨道交通及其核心区的定义,分析了市郊轨道交通车站核心区的形成机制与空间结构,并在此基础上,探讨了车站与核心区两者之间相互影响的关系。基于车站核心区的发展模式提出了市郊轨道交通车站核心区的分类及特征。

3) 比较一般城市设计方案与市郊轨道交通高架车站核心区城市设计方案的不同,提炼市郊轨道交通高架车站核心区城市设计的各项原则,并从不同角度总结了车站核心区城市设计的方法。

4) 初步提出建构城市设计方案评价的原则与依据,进而明确市郊轨道交通高架车站城市设计方案的评价依据。通过对国内外市郊轨道交通车站实践与理论的研究,总结出市郊轨道交通车站评价指标体系,并对相关指标的计算方法进行了定量化的研究,利用成本效益的方法构建了市郊轨道交通车站核心区评价模型,形成了区别于传统车站周边城市评价研究的新方法。

5.2 本书的创新点

1) 针对市郊轨道交通车站以高架为主的特点,以轨道交通高架车站核心区进行综合开发为前提,提出城市设计是解决轨道交通高架车站不利影响的关键,首次提出专门针对市郊轨道交通高架车站的城市设计的原则及其要素。

2) 针对市郊轨道交通车站的特点,比较明确地提出其城市设计的方案设计侧重点在于结合设计,并提出市郊轨道交通车站核心区城市设计的典型方案。

3) 明确市郊轨道交通车站核心区的城市设计方案评价重点在于结合设计评价。在传统城市设计评价定性为主的评价方法的基础上,首次把成本效益法引入市郊轨道交通车站核心区城市设计评价指标体系中,对不同衔接模式的服务水平、经济性和环境影响程度进行了定量计算,利用成本效益理论建立了市郊轨道交通核心区评价模型。

4) 以时间价值理论为基础,把乘客在车站核心区所消耗的时间转化为可以量化的经济指标,基于成本效益法建立了乘客时间价值评价模型,提出了市郊轨道交通车站及其核心区优化设计方法。

5.3 有待进一步研究的问题

我国的轨道交通建设发展至今,无论在理念方面,还是在实践方面,都处于一个不断探索、不断完善的过程,而市郊轨道交通必然是我国中心城市未来数十年的建设重点,许多问题亟待解决和完善。在本书研究的过程中,虽然做了大量的研究工作,然而由于时间、篇幅尤其是作为建筑及城市规划学科出身,对于交通学科研究的能力所限,本书所做的研究工作还有待于进一步深入研究,主要包括以下几个方面：

1）本书提出的评价方法侧重于定量分析，是对传统城市设计评价方法的补充，并不能替代传统城市设计评价方法中的定性内容，而从实际操作层面来看，定量并不意味着比定性更高级。

2）由于目前国内在市郊轨道交通核心区方面的研究还很少，本书所提出的市郊轨道交通核心区的评价指标体系还需要结合实践和相关理论进行进一步完善。

3）在研究过程中受时间和研究范围的限制，对于乘客在核心区中的衔接只研究了乘客步行的时间成本，而对其他不同的衔接交通方式的时间成本没有进一步量化。

4）书中对车站周围土地利用的影响仅仅考虑住宅价格的因素，研究和分析的内容较窄，还需要对轨道交通车站与土地利用的互动关系作进一步研究。

参考文献

［ 1 ］Affairs U N D O. World urbanization prospects：the 2007 re-vision Highlights［J］. Journal of Endocrinological Investiga-tion，1999，22(08)：656-659.

［ 2 ］Schaap D. Local attitudes towards an international project：a study of residents' attitudes towards a future high speed rail line in general and towards annoyance in particular［J］. Jour-nal of Sound & Vibration，1996，193(01)：411-415.

［ 3 ］Kido E M. Aesthetic aspects of railway stations in Japan and Europe，as a part of "context sensitive design for railways"［J］. Annual Report of Resco，2006(4).

［ 4 ］Brown B B，Werner C M. The residents' benefits and con-cerns before and after a new rail stop：do residents Get what they expect？［J］. Environment & Behavior，2011，43(43)：789-806.

［ 5 ］黄丽彬. 大城市轨道交通站点对地区发展的影响评价研究［D］. 上海：同济大学，2006.

［ 6 ］傅搏峰，吴娇蓉，陈小鸿. 郊区轨道站点分类方法研究［J］. 铁道学报，2008(06)：19-23.

［ 7 ］袁文凯，崔扬，周欣荣. 轨道交通市域线站点周边用地及换乘系统布局方法初探［J］. 城市，2008(12)：65-68.

［ 8 ］尚漾波，叶霞飞. 城市轨道交通车辆段布局规划评价方法研究［J］. 城市轨道交通研究，2011(01)：38-41.

［ 9 ］佟玲，张洪强，刘淑娟，等. 轨道交通对城市影响的模糊综合评价［J］. 交通科技与经济，2011(04)：79-82.

［10］周国艳. 纳撒尼尔·利奇菲尔德及其社会影响规划评价理论［J］. 城市规划，2010(08)：79-83.

［11］库德斯. 城市形态结构设计［M］. 北京：中国建筑工业出版社，2008.

［12］爱德华·J. 凯泽，大卫·R. 戈德沙尔克，斯图亚特·沙潘，等. 影响评价及其减轻对策［J］. 国际城市规划，2009，24（06）：15-25.

［13］李德华. 城市规划原理［M］. 北京：中国建筑工业出版社，2001.

［14］刘云月，刘颖. 浅析国外现代城市设计评价系统［J］. 山东建筑工程学院学报，2005，20（04）：28-31.

［15］宋彦，江志勇，杨晓春，等. 北美城市规划评估实践经验及启示［J］. 规划师，2010（03）：5-9.

［16］王郁，董黎黎，李烨洁. 民主的价值与形式——规划决策听证制度的发展方向［J］. 城市规划，2010（05）：40-45.

［17］唐凯. 开展规划评估，促进规划改革［J］. 城市规划，2011（11）：9-10.

［18］黄金，董恬. 转型期城市新区规划评估初探——以常州市新北区规划成果评估为例［C］. 南京：中国城市规划年会，2011.

［19］王建国. 城市设计［M］. 南京：东南大学出版社，2011.

［20］凯文·林奇；林庆怡，陈朝晖，等译. 城市形态［M］. 北京：华夏出版社，2003.

［21］刘宛. 城市设计理论思潮初探（之三）：城市设计——城市文化的传承［J］. 国际城市规划，2005，20（01）：43-48.

［22］美国规划方案评估及其标准［J］. 国外城市规划，2000（04）：25-28.

［23］毛开宇. 城市设计基础［M］. 北京：中国电力出版社，2008.

［24］罗伯茨英，格里德，马航，等. 走向城市设计［M］. 北京：中国建筑工业出版社，2009.

［25］库德斯. 城市形态结构设计［M］. 北京：中国建筑工业出版社，2008.

［26］于洋. 绿色、效率、公平的城市愿景——美国西雅图市可持续发展指标体系研究［J］. 国际城市规划，2009（06）：46-52.

［27］金勇. 城市设计实效的分析与评价［J］. 上海城市规划，2010（03）：37-40.

［28］George P C. Mass transit：problem and promise［J］. Design

Quarterly，1968(71)：3-39.

[29] Kelbaugh D. Pedestrian pocket book：a new suburban design strategy，1989.

[30] Korf J K，Demetsky M J. Analysis of rapid transit access mode choice[C]. Transportation Research Record，1981.

[31] Cervero R. Journal report：light rail transit and urban development[J]. Journal of the American Planning Association，1984，50(02)：133-147.

[32] Cervero R. California's transit village movement[J]. Journal of Public Transportation，1996(01).

[33] Rogers R. Cities for a small planet[M]. Westview,1998.

[34] Priemus H，Konings R. Light rail in urban regions：what Dutch policymakers could learn from experiences in France，Germany and Japan[J]. Journal of Transport Geography，2001，9(03)：187-198.

[35] Arrington G B，Brinckerhoff P. Light rail and the American city state-of-the-practice for transit-oriented development[J]. Transportation Research E-Circular，2003.

[36] Jacobson J，Forsyth A. Seven American TODs：good practices for urban design in transit-oriented development projects [J]. Journal of Transport & Land Use，2008，1(02)：51-88.

[37] Gonçalves J A M，Portugal L S，Nassi C D. Centrality indicators as an instrument to evaluate the integration of urban equipment in the area of influence of a rail corridor[J]. Transportation Research Part，2009，43(01)：13-25.

[38] Sung H，Oh J T. Transit-oriented development in a high-density city：identifying its association with transit ridership in Seoul, Korea[J]. Cities，2011，28(01)：70-82.

[39] 蔡蔚,韩国军,叶霞飞,等. 轨道交通车站与城市建筑物的一体化[J]. 城市轨道交通研究，2000(01)：55-58.

[40] 冯磊,叶霞飞. 城市高架桥下空间土地利用形态的调查研究[J]. 城市轨道交通研究，2004(06)：59-63.

[41] 赖志敏. 轨道交通车站地域的集中开发[J]. 城市轨道交通研究，2005(02)：50-53.

[42] 杨樊. 北京市轨道交通沿线土地利用研究[D]. 北京：北京交通大学，2005.

[43] 顾保南,周春燕,周建军,等. 车站周围建筑分布对居民出行时间的影响[J]. 同济大学学报(自然科学版)，2005(04)：471-475.

[44] 王敏洁. 城市设计与地铁车站综合开发[J]. 山西建筑，2006(05)：26-27.

[45] 赵晶. 适合中国城市的 TOD 规划方法研究[D]. 北京：清华大学，2008.

[46] 梁正,陈水英. 轨道交通站点综合开发初探[J]. 建筑学报，2008(05)：77-79.

[47] 李松涛. 高铁客运站站区空间形态研究[D]. 天津：天津大学，2009.

[48] 卢济威,王腾,庄宇. 轨道交通站点区域的协同发展[J]. 时代建筑，2009(05)：12-18.

[49] 王志成. TOD 模式下轨道交通车站地区城市设计研究[D]. 北京：北京建筑工程学院，2009.

[50] 张雁. 上海市城市轨道交通发展规划及站点综合开发[J]. 时代建筑，2009(05)：30-36.

[51] 张乐彦. 重要地区城市设计作用于规划管理的研究——以上海市轨道交通 10 号线四川北路站地区城市设计为例[J]. 上海城市规划，2009(05)：32-36.

[52] 王兆辰. 基于 TOD 的北京轨道交通站点周边地区城市设计研究[D]. 北京：清华大学，2010.

[53] 曹玮. 轨道交通车站周边用地与交通一体化衔接研究——以南京为例[C]. 重庆：中国城市规划年会，2010.

[54] 谢岫. 城市轨道交通站点周边空间形态整合浅析[D]. 南京：南京大学，2011.

[55] 杨燕,顾保南. 城市轨道交通车站与周边建筑结合的案例剖析[J]. 都市快轨交通，2012,25(1):58-63.

[56] Bertolini L, Spit T J M. Cities on rails: the redevelopment of railway station areas[J]. E & F N Spon,1998,58(02):287-299.

[57] 李孟冬. 步行可达性与地铁车站服务范围的研究[C]. 大连：中国城市规划年会,2008.

[58] 綦超. 轨道交通车站综合开发建筑设计接口要素探讨[J]. 技

术与市场，2013(07)：73-74.

［59］牛韶斐. 紧凑城市理念下地铁站综合体设计研究[D]. 成都：西南交通大学，2014.

［60］沈迪. GIS空间分析在服务设施评价中的应用[D]. 上海：上海师范大学，2008.

［61］甘勇华. 城市轨道交通枢纽综合开发模式研究[D]. 武汉：华中科技大学，2011.

［62］刘宛. 总体策划——城市设计实践过程的全面保障[J]. 城市规划，2004(07)：59-63.

［63］尼格尔·泰勒；李白玉，陈贞，译. 1945年后西方城市规划理论的流变[J]. 广西城镇建设，2013(12)：91.

［64］Talen E. Do plans get implemented? a review of evaluation in planning[J]. Journal of Planning Literature，1996，10(03)：248-259.

［65］Zeisel J. Inquiry by design：tools for environment-behavior research[J]. Journal of Architectural Education，1981，35(01).

［66］兰潇. 嬗变与争议：对城市设计方案评价的思考[C]. 青岛：中国城市规划年会，2013.

［67］刘宛. 城市设计综合影响评价的评估方法[J]. 建筑师，2005(02)：9-19.

［68］邹德慈. 当前英国城市设计的几点概念[J]. 国际城市规划，2009，24(S1)：2-5.

［69］张荣山. 净现值法和内含报酬率法的比较分析及理性选择[J]. 张家口职业技术学院学报，2001(03)：25-27.

［70］同济大学. 政府投资项目经济评价方法与参数研究[M]. 北京：中国计划出版社，2004.

［71］翟维丽，杨兆升. 城市轨道交通噪音及相关降噪技术[J]. 铁道运输与经济，2006(05)：17-18.

［72］Hanson C E，Towers D A，Meister L D. Transit noise and vibration impact assessment[J]. Procedures，2006.

［73］Highway capacity manual[M]. Washington DC：Transportation Research Board，2000.